21世纪高等学校计算机系列规划教材

电路与电子技术基础实验指导

龙胜春　孙惠英　肖 杰　编著

清华大学出版社
北 京

内容简介

本书是在长期实验教学的基础上编写而成的，旨在提高学生的电子技术实验技能。全书包括电路理论、模拟电子技术基础、数字电子技术基础三个专业领域的实验内容及实验仪器设备的使用说明。

电路理论、模拟电子技术基础、数字电子技术基础各有三个经典实验，如叠加原理、戴维南等效定理、单管放大电路、集成运算放大电路、组合逻辑电路设计、计数器设计等。在此基础上，本书同时也提供了一些学生比较感兴趣的、与计算机专业关系密切的综合性实验：555时基电路及其应用，D/A、A/D转换电路，直流稳压电源，以及基于Altera公司合作伙伴TERASIC(友晶)公司最新研发的DE2开发板为实验平台的EDA大型实验等。书后的附录主要介绍了实验室常用的仪器设备使用说明。

本书是为高等院校计算机专业及其他非电类专业开设电子技术基础实验课而编写的实验教学用书，也可供相关工程专业技术人员参考。

图书在版编目(CIP)数据

电路与电子技术基础实验指导/龙胜春，孙惠英，肖杰编著. --北京：清华大学出版社，2015(2024.7重印)
21世纪高等学校计算机系列规划教材
ISBN 978-7-302-41943-3

Ⅰ. ①电… Ⅱ. ①龙… ②孙… ③肖… Ⅲ. ①电路－实验－高等学校－教学参考资料 ②电子技术－实验－高等学校－教学参考资料 Ⅳ. ①TM13-33 ②TN-33

中国版本图书馆CIP数据核字(2015)第263155号

责任编辑： 孟毅新
封面设计： 常雪影
责任校对： 袁　芳
责任印制： 刘　菲

出版发行： 清华大学出版社
　网　　址： https://www.tup.com.cn，https://www.wqxuetang.com
　地　　址： 北京清华大学学研大厦A座　　**邮　　编：** 100084
　社 总 机： 010-83470000　　**邮　　购：** 010-62786544
　投稿与读者服务： 010-62776969，c-service@tup.tsinghua.edu.cn
　质量反馈： 010-62772015，zhiliang@tup.tsinghua.edu.cn
印 装 者： 天津鑫丰华印务有限公司
经　　销： 全国新华书店
开　　本： 185mm×260mm　　**印　　张：** 10　　**字　　数：** 227千字
版　　次： 2015年12月第1版　　**印　　次：** 2024年7月第5次印刷
定　　价： 32.00元

产品编号：067331-02

前　言

本书是为高等院校计算机专业及其他非电类专业开设电子技术基础实验课而编写的实验教学用书，也可供相关工程专业技术人员参考。本书编写过程中参考了由吴根忠主编的《电工学实验教程》，并在此基础上，结合杭州天煌电器设备厂提供的最新实验设备指导说明书，对实验内容做了适当的调整和补充。

本书的实验内容分为三部分：电路理论、模拟电子技术基础和数字电子技术基础实验。本书共包括12个实验，实验内容有验证性实验、操作性实验和设计性实验。本书旨在培养学生在电子技术基础领域的基础实验技能，提高学生在实验中分析问题、结合理论知识解决问题的实际能力，同时通过实验让学生认识常用的仪器设备，掌握各种常用仪器的使用。在本书的实验12中提供了数字逻辑电路大型实验的原理和设计内容，为学生后期的硬件课程打下基础。

本书由龙胜春、孙惠英、肖杰编写，感谢刘国越在实验设备使用说明中提供了大量信息，感谢杭州天煌电器设备厂提供的最新实验设备指导说明书。

由于编者水平有限，书中难免有不足之处，恳请广大读者批评、指正。

编　者

2015年9月

目　录

实验 1

电路元件伏安特性的测绘

1.1 实验目的

(1) 学会识别常用电路元件的方法。

(2) 掌握线性电阻、非线性电阻元件伏安特性的测绘。

(3) 了解电源的伏安特性。

(4) 验证电路中电位的相对性、电压的绝对性。

(5) 掌握电路电位图的绘制方法。

(6) 掌握实验台上直流电工仪表和设备的使用方法。

1.2 实验原理

任何一个二端元件的特性可用该元件上的端电压 U 与通过该元件的电流 I 之间的函数关系 $I=f(U)$ 来表示，即用 I-U 平面上的一条曲线来表征，这条曲线称为该元件的伏安特性曲线。

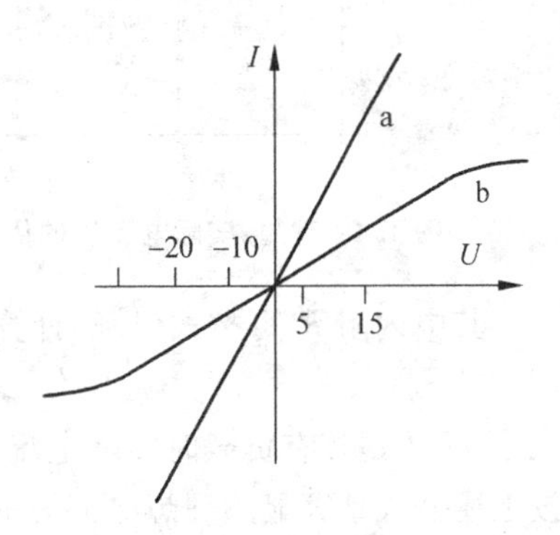

图 1.1 不同元件的伏安特性

(1) 线性电阻器的伏安特性曲线是一条通过坐标原点的直线，如图 1.1 中 a 所示，该直线的斜率等于该电阻器的电阻值。

(2) 一般的白炽灯在工作时灯丝处于高温状态，其灯丝电阻随着温度的升高而增大，通过白炽灯的电流越大，其温度越高，阻值也越大。一般灯泡的"冷电阻"与"热电阻"的阻值可相差几倍至十几倍，所以它的伏安特性如图 1.1 中 b 曲线所示。

(3) 电压源的外特性。理想的直流电压源，它的两端电压是不随输出电流的变化而变化的，其伏安特性是一条水平直线(如图 1.2 所示的实线)。现在已能制造出十分接近理想情况的电压源，如各种型号的稳压电源，它们的伏安特性就十分接近一条水平的直线。但大多数的电压源，如电池、发电机，由于有内阻存在，当接负载后，会在内阻上产生电压降，使得电源两端的电压比无负载时($I=0$)降低了，所以实际电压源的伏安特性(即外特性)是比水平线略微向下倾斜的一条线(如图 1.2 所示的虚线)，其电路模型如图 1.3 所示，其中内阻 R_S 可按式(1.1)计算。

$$R_S = (U_S - U)/I \tag{1.1}$$

式中，U、I 是接有负载时电压源两端电压和电流，而 U_S 是不接负载($I=0$)时电源两端的电压。按式(1.1)计算显然理想电压源的内阻为零。

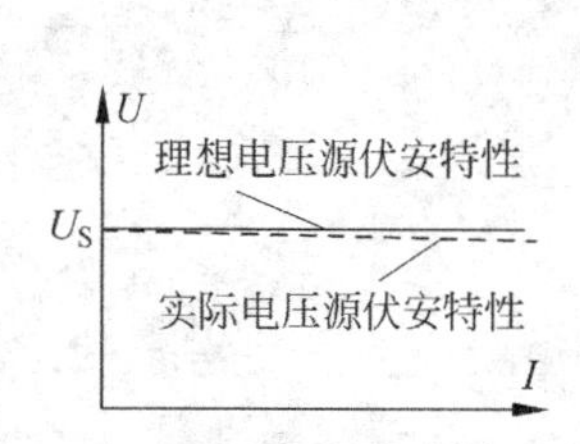

图 1.2 理想、实际电压源的伏安特性

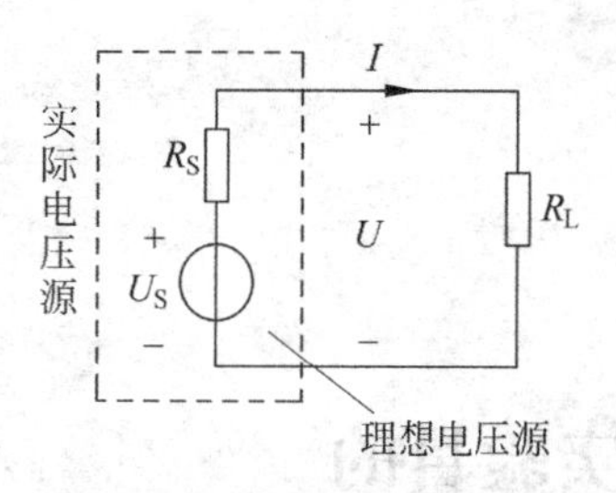

图 1.3 理想、实际电压源的电路模型

理想电流源，它的输出电流是一个定值，与电源两端电压的大小无关，其伏安特性是一条垂直于电流坐标轴的直线(如图 1.4 所示的实线)，科研与实验室中使用的稳流电源就具有这样的伏安特性。而普通的电流源，随电压的增加，电流是稍有减少的，其外特性如图 1.4 中的虚线所示。可以用理想电流源再并联一个较大的电阻来描述这种实际的电流源，如图 1.5 所示。

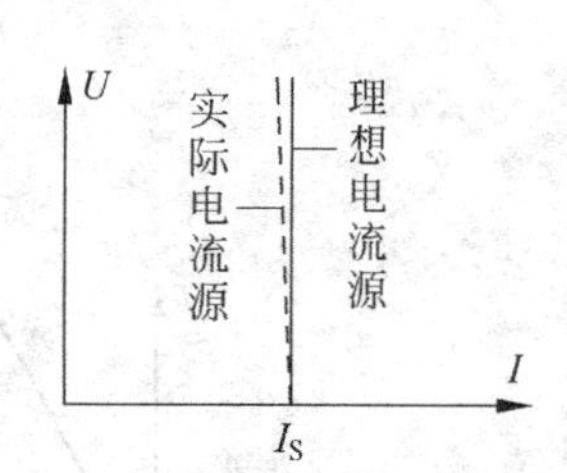

图 1.4 理想、实际电流源的伏安特性

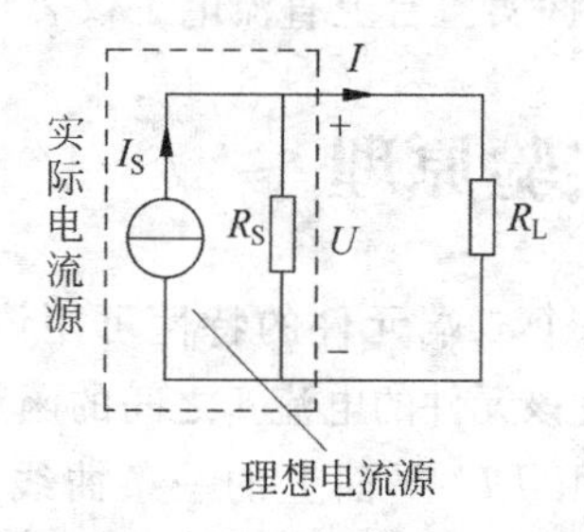

图 1.5 理想、实际电流源的电路模型

其中内阻 R_S 可按式(1.2)计算。

$$R_S = U/(I_S - I) \tag{1.2}$$

式中，U、I 是接有负载时实际电流源两端的电压和电流，而 I_S 是负载短路时的短路电流。按上述公式计算显然理想电流源的内阻为无穷大。

(4) 在一个闭合电路中，各点电位的高低视所选的电位参考点的不同而变，但任意两点间的电位差(即电压)是绝对的，它不因参考点的变动而改变。

电位图是一种平面坐标一、四两象限内的折线图。其纵坐标为电位值，横坐标为各被测点。要制作某一电路的电位图，先以一定的顺序对电路中各被测点编号，以图 1.8 所示的电路为例，如图中的点 A～F，并在坐标横轴上按顺序、均匀间隔标上 A、B、C、D、E、F、A。再根据测得的各点电位值，在各点所在的垂直线上描点。用直线依次连接相邻两个电位点，即得该电路的电位图。

在电位图中,任意两个被测点的纵坐标值之差即为该两点之间的电压值。

在电路中电位参考点可任意选定。对于不同的参考点,所绘出的电位图形是不同的,但其各点电位变化的规律是一样的。

1.3 实验设备与器件

实验1所需的设备与器件见表1.1。

表1.1 实验1所需的设备与器件

序号	名 称	型号与规格	数量	备 注
1	可调直流稳压电源	0～30V	2	
2	数字万用表	UT804或其他	1	
3	直流数字毫安表	0～200mA	1	
4	直流数字电压表	0～200V	1	
5	白炽灯	12V,0.1A	1	DGJ-03A
6	线性电阻器	200Ω,1kΩ/8W	1	DGJ-03A
7	电位、电压测定实验电路板		1	DGJ-03A

1.4 实验内容

1. 测定线性电阻器的伏安特性

按图1.6所示的电路接线,调节稳压电源的输出电压U,从0V开始缓慢地增加,一直到5V,记下相应的电压表和电流表的读数U_L、I。将结果记录在表1.2中。

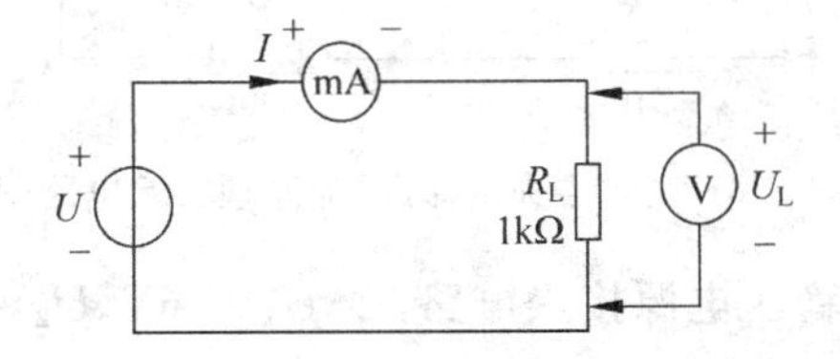

图1.6 测线性电阻伏安特性接线图

表1.2 线性电阻与非线性电阻的伏安特性

U_L/V	0.1	0.5	1	2	3	4	5
线性 I/mA							
非线性 I/mA							

2. 测定非线性白炽灯泡的伏安特性

将图1.6中的R_L换成一只12V,0.1A的灯泡,重复步骤1。U_L为灯泡的端电压。将结果记录到表1.1中。

3. 测定稳压电源的伏安特性

按图1.7所示的电路接线，测定稳压电源（先调 $U_S=6V$）的伏安特性。将结果记录到表1.3中。注意电压表的测量位置在稳压电源两端。负载电阻使用可调电阻箱。

注意：此时被测对象为电压源，所以电压源 $U_S=6V$ 的值在测量过程中不能调节，应保持不变。通过改变负载电阻大小来测量电压源的伏安特性。

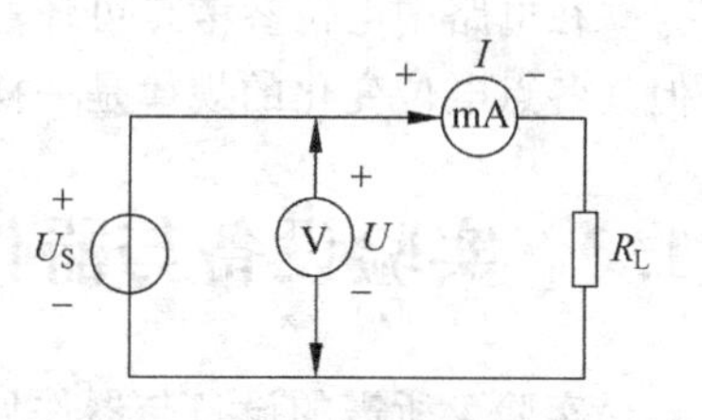

图1.7 测稳压电源的伏安特性接线图

表1.3 稳压电源（$U_S=6V$）的伏安特性测量表

R_L/Ω	∞	1k	900	800	700	500	300	200
I/mA	0							
U/V	6							

4. 电位与电压的测量

利用DGJ-03A实验挂箱上的"基尔霍夫定律/叠加原理"线路，按图1.8所示的电路接线。

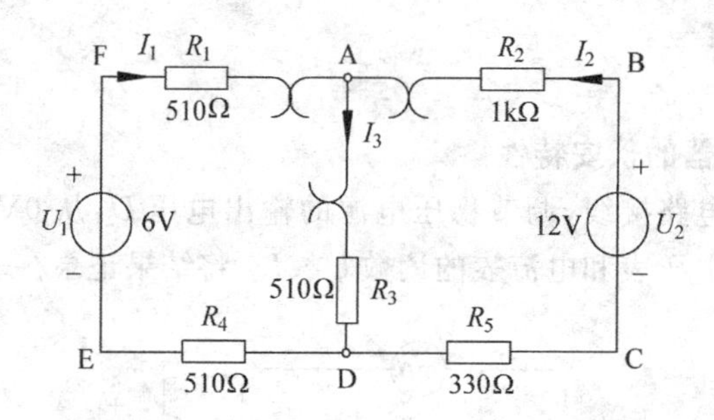

图1.8 基尔霍夫定律/叠加原理实验电路图

(1) 分别将两路直流稳压电源接入电路，令 $U_1=6V$，$U_2=12V$。先调准输出电压值，再接入实验电路中。

(2) 以图1.8中的A点为电位的参考点，分别测量B、C、D、E、F各点的电位值 V 及相邻两点之间的电压值 U_{AB}、U_{BC}、U_{CD}、U_{DE}、U_{EF} 及 U_{FA}，将数据列于表1.4中。

(3) 以D点为参考点，重复实验内容(2)的测量，测得数据记录到表1.4中。

表1.4 电位与电压的测量表

电位参考点	V与U	V_A	V_B	V_C	V_D	V_E	V_F	U_{AB}	U_{BC}	U_{CD}	U_{DE}	U_{EF}	U_{FA}
A	计算值												
	测量值												
	相对误差												

续表

电位参考点	V 与 U	V_A	V_B	V_C	V_D	V_E	V_F	U_{AB}	U_{BC}	U_{CD}	U_{DE}	U_{EF}	U_{FA}
D	计算值												
	测量值												

1.5　注意事项

(1) 进行不同的实验时,应先估算电压和电流值,合理选择仪表的量程,勿使仪表超量程,仪表的极性也不可接错。

(2) 本实验线路板系多个实验通用,本次实验中不使用电流插头。

(3) 测量电位时,用指针式万用表的直流电压挡或用数字直流电压表测量时,用负表笔(黑色)接参考电位点,用正表笔(红色)接被测各点。若指针正向偏转或数显表显示正值,则表明该点电位为正(即高于参考点电位);若指针反向偏转或数显表显示负值,应调换万用表的表笔,然后读出数值,此时在电位值之前应加一负号(表明该点电位低于参考点电位)。数显表也可不调换表笔,直接读出负值。

1.6　思考题

(1) 线性电阻与非线性电阻的概念是什么?电阻器与二极管的伏安特性有何区别?

(2) 设某器件伏安特性曲线的函数式为 $I=f(U)$,试问在逐点绘制曲线时,其坐标变量应如何放置?

(3) 若以F点为参考电位点,实验测得各点的电位值;现令E点作为参考电位点,试问此时各点的电位值应有何变化?

1.7　实验报告要求

(1) 根据各实验数据,分别在方格纸上绘制出光滑的伏安特性曲线。

(2) 根据实验结果,总结、归纳被测各元件的特性。

(3) 根据实验数据,绘制两个电位图形,并对照观察各对应两点间的电压情况。两个电位图的参考点不同,但各点的相对顺序应一致,以便对照。

(4) 完成数据表格中的计算,对误差作必要的分析。

(5) 总结电位相对性和电压绝对性的结论。

实验 2

叠加原理及戴维南等效定理的研究

2.1 实验目的

(1) 验证基尔霍夫定律的正确性,加深对基尔霍夫定律的理解。

(2) 学会用电流插头、插座测量各支路电流。

(3) 验证线性电路叠加原理的正确性。

(4) 验证戴维南等效定理的正确性,加深对该定理的理解。

2.2 实验原理

(1) 基尔霍夫定律是电路的基本定律。测量某电路的各支路电流及每个元件两端的电压,应能分别满足基尔霍夫电流定律(KCL)和电压定律(KVL)。对电路中的任一个节点而言,应有 $\sum I=0$;对任何一个闭合回路而言,应有 $\sum U=0$。

运用上述定律时必须注意各支路或闭合回路中电流的方向,此方向可预先任意设定。

(2) 叠加原理指出:在有多个独立源共同作用下的线性电路中,通过每一个元件的电流或其两端的电压,可以看作由每一个独立源单独作用时在该元件上所产生的电流或电压的代数和。

线性电路的齐次性是指当激励信号(某独立源的值)增加或减小 k 倍时,电路的响应(即在电路中各电阻元件上所建立的电流和电压值)也将增加或减小 k 倍。

(3) 任何一个线性含源网络,如果仅研究其中一条支路的电压和电流,则可将电路的其余部分看作一个有源二端网络(或称为含源一端口网络)。

戴维南定理指出:任何一个线性有源二端网络,总可以用一个电压源与一个电阻的串联来等效代替,此电压源的电动势 U_S 等于这个有源二端网络的开路电压 U_{OC},其等效内阻 R_O 等于该网络中所有独立源均置零(理想电压源视为短接,理想电流源视为开路)时的等效电阻。

$U_{OC}(U_S)$ 和 R_O 或者 $I_{SC}(I_S)$ 和 R_O 称为有源二端网络的等效参数。

注意:务必在预习时根据实验内容提供的电路参数,计算好理论值填入相应的表中。

2.3　实验设备与器件

实验 2 所需的设备与器件见表 2.1。

表 2.1　实验 2 所需的设备与器件

序号	名　　称	型号与规格	数量	备　　注
1	直流稳压电源	0～30V 可调	二路	
2	数字万用表	UT804 或其他	1	
3	直流数字电压表	0～200V	1	
4	直流数字毫安表	0～200mA	1	
5	叠加原理实验电路板		1	DGJ-03A
6	可调电阻箱	0～99999.9Ω	1	DG11-2
7	戴维南定理实验电路板		1	DGJ-03A

2.4　实验内容

1. 基尔霍夫定律及叠加原理验证

实验线路如图 2.1 所示，用 DGJ-03A 挂箱的“基尔霍夫定律/叠加原理”线路。

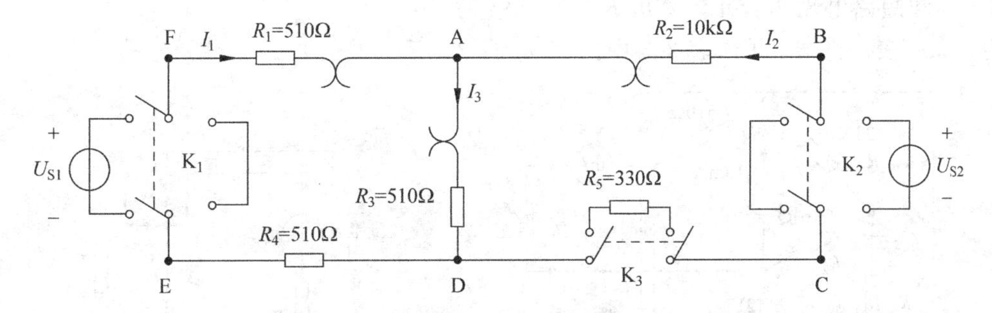

图 2.1　基尔霍夫定律/叠加原理实验线路图

(1) 实验前先任意设定三条支路和三个闭合回路的电流正方向。图 2.1 中的 I_1、I_2、I_3的方向已设定。三个闭合回路的电流正方向可设为 ADEFA、BADCB 和 FBCEF。

(2) 分别将两路直流稳压源接入电路，令 $U_{S1}=6V$，$U_{S2}=12V$。

(3) 熟悉电流插头的结构，将电流插头的两端接至数字毫安表的“+”“−”两端。

(4) 令 U_{S1}电源单独作用(将开关 K_1投向 U_{S1}侧，开关 K_2投向短路侧)。用直流数字电压表和毫安表(接电流插头)测量各支路电流及各电阻元件两端的电压，将数据记入表 2.2 中。

(5) 令 U_{S2}电源单独作用(将开关 K_1投向短路侧，开关 K_2投向 U_{S2}侧)，重复实验步骤(4)的测量和记录，将数据记入表 2.2 中。

(6) 令 U_{S1}和 U_{S2}共同作用(开关 K_1和 K_2分别投向 U_{S1}和 U_{S2}侧)，重复上述的测量和记录，将数据记入表 2.2 中。

注意：记录参数时必须同时记录正负号。

表 2.2 验证叠加原理数据表

测量项目（实验内容）	I_1 /mA	I_2 /mA	I_3 /mA	U_{AB} /V	U_{CD} /V	U_{AD} /V	U_{DE} /V	U_{FA} /V
U_{S1}单独作用(理论值)								
U_{S1}单独作用(测量值)								
U_{S2}单独作用(理论值)								
U_{S2}单独作用(测量值)								
U_{S1}、U_{S2}共同作用(理论值)								
U_{S1}、U_{S2}共同作用(测量值)								

2. 戴维南等效定理验证

被测有源二端网络如图 2.2(a)所示，其戴维南等效电路如图 2.2(b)所示。

表 2.3 戴维南等效参数表

U_{OC} /V	I_{SC} /mA	$R_O=U_{OC}/I_{SC}$ /Ω

(1) 用开路电压、短路电流法测定戴维南等效电路的 U_{OC}、R_O。按图 2.2(a)接入稳压电源 $U_S=12V$ 和恒流源 $I_S=10mA$，不接入 R_L。测出开路电压 U_{OC}和短路电流 I_{SC}，并计算出 R_O。测 U_{OC}时，不接入 mA 表。将结果填入表 2.3 中。

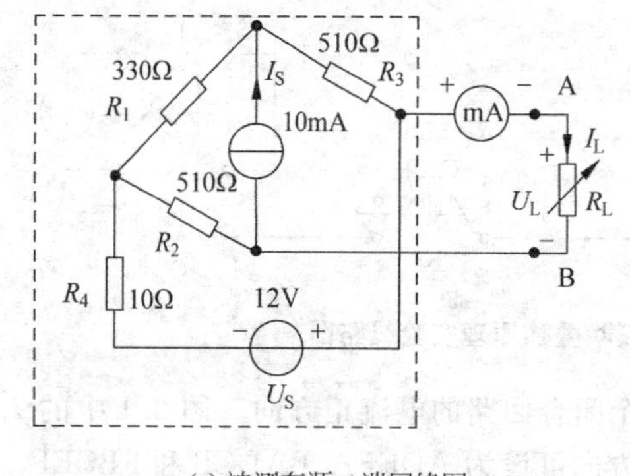

(a) 被测有源二端网络图

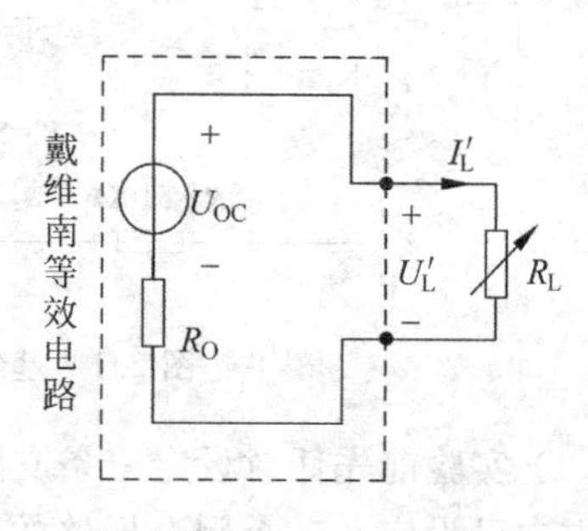

(b) 被测网络的戴维南等效电路图

图 2.2 戴维南等效定理实验线路图

(2) 负载实验：按图 2.2(a)改变 R_L阻值，测量有源二端网络的外特性，数据记录到表 2.4 的 U_L(V)及 I_L(mA)行中。

(3) 验证戴维南定理。用一只可调电阻箱，将其阻值调整到步骤(1)测量后计算所得的 R_O值(表 2.3 所示的等效电阻 R_O值)，然后令其与直流稳压电源(调到步骤(1)所测得的开路电压 U_{OC}之值)相串联，如图 2.2(b)所示，仿照步骤(2)测其外特性，对戴维南定理进行验证数据，记录到表 2.4 的 U_L'/V 及 I_L'/mA 行中。

表 2.4　验证戴维南等效电路的外特性数据表

R_L/Ω	0	100	1k	5k	10k	90k	∞
U_L/V(理论值)							
U_L/V(测量值)							
I_L/mA(理论值)							
I_L/mA(测量值)							
U_L'/V							
I_L'/mA							

2.5　注意事项

(1) 用电流插头测量各支路电流时，或者用电压表测量电压降时，应注意仪表的极性，正确判断测得值的正、负号后，将其记入数据表格。注意仪表量程的及时更换。

(2) 所有需要测量的电压值，均以电压表测量的读数为准。U_{S1}、U_{S2}也需测量，不应取电源本身的显示值。

(3) 防止稳压电源两个输出端碰线短路。

(4) 用指针式电压表或电流表测量电压或电流时，如果仪表指针反偏，则必须调换仪表极性，重新测量。此时指针正偏，可读得电压或电流值。若用数显电压表或电流表测量，则可直接读出电压或电流值，但应注意：所读得的电压或电流值的正确正、负号应根据设定的电流参考方向来判断。

2.6　思考题

(1) 根据图 2.1 所示的电路参数，计算出待测的电流 I_1、I_2、I_3和各电阻上的电压值，记入表中，以便实验测量时，可正确地选定毫安表和电压表的量程。

(2) 在求戴维南等效电路时，做短路实验，测 I_{SC}的条件是什么？在本实验中可否直接做负载短路实验？请在实验前对图 2.2(a)所示的线路预先做好计算，以便在调整实验线路及测量时可准确地选取电表的量程。

2.7　实验报告要求

(1) 根据实验数据，选定节点 A，验证 KCL 的正确性。

(2) 根据实验数据，选定实验电路中的任一个闭合回路，验证 KVL 的正确性。

(3) 根据实验数据表格，进行分析、比较，归纳、总结实验结论，即验证线性电路的叠加性与齐次性。

(4) 各电阻器所消耗的功率能否用叠加原理计算得出？试用上述实验数据，进行计算并作结论。

(5) 进行误差原因分析。

(6) 写出心得体会及其他。

实验 3

正弦稳态交流电路相量的研究

3.1 实验目的

（1）掌握正弦稳态交流电路中电压、电流相量之间的关系。

（2）掌握日光灯线路的接线。

（3）理解改善电路功率因数的意义并掌握其方法。

（4）学会使用功率表。

3.2 实验原理

1. RC 串联电路

在单相正弦交流电路中，用交流电流表测得各支路的电流值和用交流电压表测得回路各元件两端的电压值，它们之间的关系满足相量形式的基尔霍夫定律，即

$$\sum \dot{I} = 0 \quad 和 \quad \sum \dot{U} = 0 \tag{3.1}$$

实验电路为 RC 串联电路，如图 3.1(a)所示，在正弦稳态信号$\dot{U}$的激励下，满足基尔霍夫电压定律：

$$\dot{U} = \dot{U}_R + \dot{U}_C = \dot{I}(R - jX_C) \tag{3.2}$$

相应的相量图如图 3.1(b)所示。由于$\dot{U}$、$\dot{U}_R$、$\dot{U}_C$ 三个相量构成一个直角三角形，当正弦稳态信号$\dot{U}$不变时，随着 R 值的改变，$\dot{U}_R$ 的相量轨迹是一个半圆，因此可改变 φ 角的大小，从而达到移相的目的。

2. 日光灯电路及其功率因数的提高

日光灯电路如图 3.2(a)所示，图中 A 是日光灯管，L 是镇流器，S 是启辉器，C 是补偿电容器，用以改善电路的功率因数（$\cos\varphi$ 值）。有关日光灯的工作原理请自行翻阅有关资料。日光灯点亮以后的等效电路如图 3.2(b)所示，从等效电路可以看到，整个日光灯

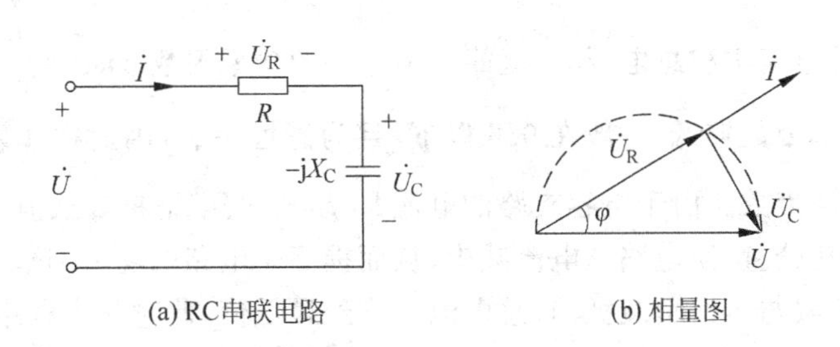

图 3.1　RC 串联电路及相量图

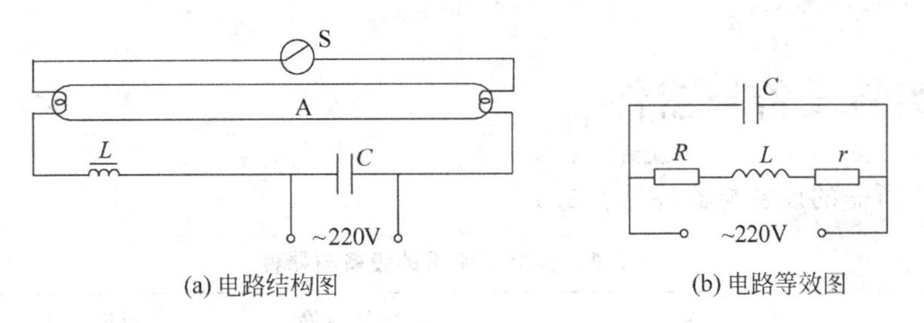

图 3.2　日光灯电路结构图及等效图

装置相当于一个感性负载，其中灯管可近似为负载电阻 R，镇流器可近似等效为小电阻 r 和电感 L 的串联；电容 C 为总负载两端的补偿电容。

日光灯实验电路如图 3.3 所示。

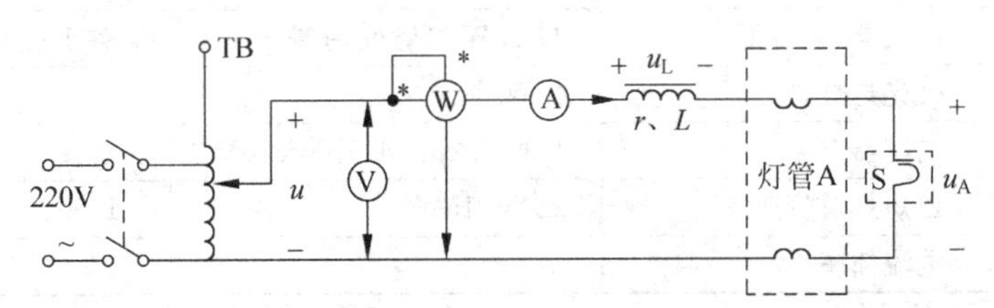

图 3.3　日光灯测量电路图

利用功率表可以测得各元件的有功功率、无功功率，如测镇流器所消耗的功率 P_{Lr}，实际就是等效电阻 r 所消耗的功率，利用功率表中的电流及电压测量模块可以同时测得电流值及镇流器两端电压，则可求得镇流器的等效电阻 r。

$$r=\frac{P_{Lr}}{I_{Lr}^2} \tag{3.3}$$

根据$\dot{U}_{Lr}=\dot{I}_{Lr}(\mathrm{j}X_L+r)$可以求得镇流器的等效电感如下。

$$X_L=\sqrt{\left(\frac{U_{Lr}}{I_{Lr}}\right)^2-r^2} \tag{3.4}$$

则镇流器的等效电感如下。

$$L=\frac{X_L}{2\pi f} \tag{3.5}$$

其中，$f=50\text{Hz}$。

日光灯灯管 R 所消耗的功率为 P_R，电路消耗的总功率为 $P=P_R+P_{Lr}$。只要测出电

路的总功率 P、总电流 I 和总电压 U，就能求出电路的功率因数 $\cos\varphi=\dfrac{P}{UI}$。

日光灯的功率因数较低，一般在 0.6 以下，且为感性负载，因此往往采用并联电容器的方法来提高功率因数。由于电容支路的电流 $\dot{I}_C$ 超前电压 $\dot{U}_C$ 90°，抵消了一部分日光灯支路电流中的无功分量，使电路总电流减少，从而提高了电路的功率因数。当电容增加到一定值时，感性负载与容性负载抵消，总电流下降到最低值，此时整个电路呈纯电阻性，电路的功率因数为 1。若继续增加电容值，会出现过补偿现象，总电流又增加，电路呈电容性，功率因数再次降低。

3.3 实验设备与器件

实验 3 所需的设备与器件见表 3.1。

表 3.1 实验 3 所需的设备与器件

序号	名　称	型号与规格	数量	备　注
1	交流电压表	0～500V	1	
2	交流电流表	0～5A	1	
3	功率表		1	DGJ-07A
4	自耦调压器		1	屏内
5	镇流器、启辉器	与 40W 灯管配用	各 1	屏内
6	日光灯灯管	40W	1	屏内
7	电容器	1μF、2.2μF、4.7μF/500V	各 1	DGJ-04A
8	白炽灯及灯座	220V，15W	1～3	DGJ-04A
9	电流插座		3	DGJ-04A

3.4 实验内容

调节实验台侧面自耦调压器的输出，使其输出电压为 220V，关断电源待用。按图 3.4 所示的线路接好实验电路，检查无误后打开电源，观察日光灯的启辉过程。分别测量未接入电容和并入不同电容时的各种参数，将其填入表 3.2 中。

注意：日光灯必须完全被点亮，不能处于半启辉状态。

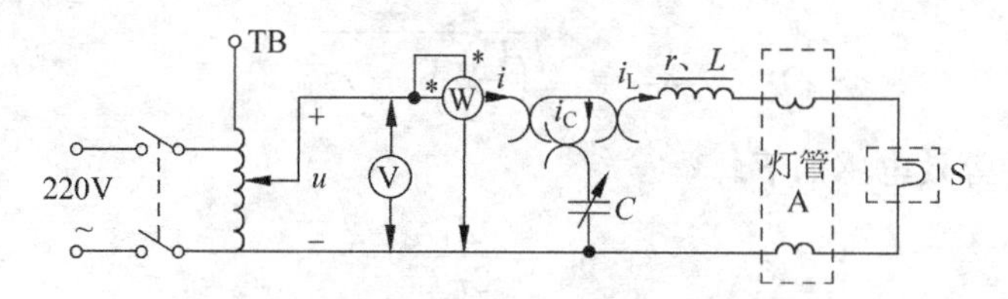

图 3.4 改善功率因数的并联电路

表3.2　验证日光灯电路的功率因数与并联电容 C 之间的关系

电容值 /μF	测量数值									
	P/W	U/V	I/A	U_R /V	P_R /W	I_{Lr} /A	U_{Lr} /V	P_{Lr} /W	I_C /A	$\cos\varphi$
0										
1										
2.2										
3.2										
4.7										
5.7										
7.9										

3.5　注意事项

(1) 本实验用交流市电220V，务必注意用电和人身安全。

(2) 功率表要正确接入电路。

(3) 线路接线正确，日光灯不能启辉时，应检查启辉器及其接触是否良好。

3.6　思考题

(1) 参阅课外资料，了解日光灯的启辉原理。

(2) 在日常生活中，当日光灯上缺少了启辉器时，人们常用一根导线将启辉器的两端短接一下，然后迅速断开，使日光灯点亮；或用一只启辉器去点亮多只同类型的日光灯。这是为什么？

(3) 为了改善电路的功率因数，常在感性负载上并联电容器，此时增加了一条电流支路，试问电路的总电流是增大还是减小？此时感性元件上的电流和功率是否改变？

(4) 提高线路功率因数为什么只采用并联电容器法，而不用串联法？所并联的电容器是否越大越好？

3.7　实验报告要求

(1) 完成数据表格中的计算，进行必要的误差分析。

(2) 根据实验数据，分别绘出电压、电流相量图，验证相量形式的基尔霍夫定律(注意，所有相量必须画在同一个相量图中)。

(3) 根据实验数据，计算日光灯管的等效电阻 R、镇流器的电感 L 和电阻 r，选择一组实验参数进行理论分析，功率因数如果要补偿到该实验值，对应的电容值应该为多少？

(4) 讨论改善电路功率因数的意义和方法。

实验 4

三极管单管放大器

4.1 实验目的

(1) 学习放大电路静态工作点的调试方法。

(2) 掌握晶体管电压放大器动态性能指标的调测方法。

(3) 了解集电极电阻和负载电阻对电压放大倍数的影响。

(4) 巩固实验室常用电子仪器的使用操作技能。

4.2 实验原理

1. 实验电路

实验电路图如图 4.1 所示,该电路为共射电压放大器,射极偏置决定静态工作点。

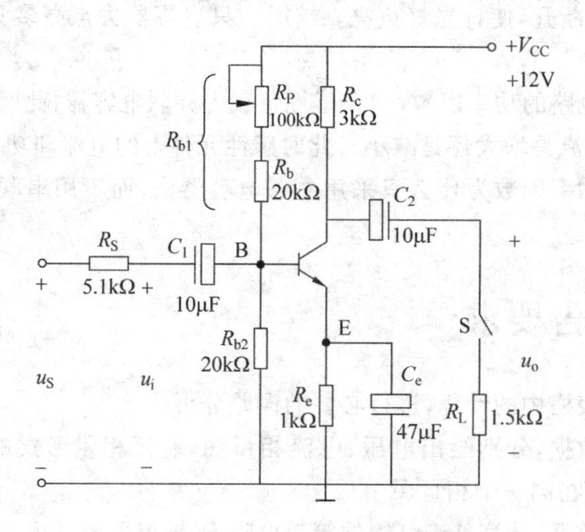

图 4.1　单管放大器原理图

2. 静态工作点的估算

静态工作点的估算公式如下。

$$V_B = \frac{R_{b2}V_{CC}}{R_{b1}+R_{b2}} \tag{4.1}$$

$$V_E = V_B - U_{BE} \tag{4.2}$$

式中：U_{BE}硅管取 0.7V，锗管取 0.3V。

$$I_C \approx I_E \approx \frac{V_E}{R_e} \tag{4.3}$$

$$U_{CE} = V_{CC} - I_C(R_c + R_e) \tag{4.4}$$

3. 交流微变等效电路

交流微变等效电路如图 4.2 所示。

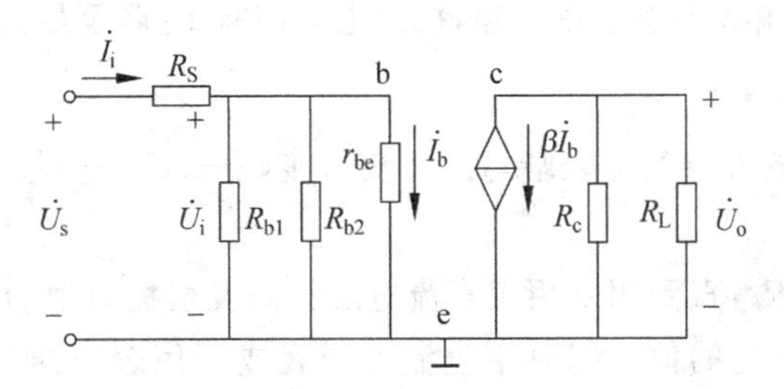

图 4.2　交流微变等效电路

4. 电压放大倍数估算

电压放大倍数估算公式如下。

$$A_V = \frac{\dot{U}_o}{\dot{U}_i} = \frac{-\beta i_b(R_c//R_L)}{i_b r_{be}} = \frac{-\beta(R_c//R_L)}{r_{be}} \tag{4.5}$$

5. 放大器输入电阻

放大器输入电阻的计算公式如下。

$$r_i = \frac{\dot{U}_i}{\dot{I}_i} = r_{be}//R_{b1}//R_{b2} \tag{4.6}$$

6. 放大器输出电阻

忽略三极管的输出电阻，则放大器的输出电阻为 $r_o \approx R_c$。

4.3　实验设备与器件

实验 4 所需的设备与器件见表 4.1。

表 4.1 实验 4 所需的设备与器件

序号	名　称	型号与规格	数量	备　注
1	万用电表	GDM-8135	1	
2	函数信号发生器	DF1641B	1	
3	交流毫伏表	AS2174F	1	
4	双踪示波器	GOS-6021	1	
5	晶体三极管	3DG6	1	
6	模拟电子技术实验箱	THM-7	1	

4.4 实验内容

1. 按原理图接成实际电路

各仪器的公共地端必须连接在一起，接通电源前将 R_P 调至最大。

2. 静态工作点的调试

(1) 令 $u_i=0$(即放大器的输入端与地短接)，接好+12V 电源。函数信号发生器输出旋钮旋至零。

(2) 调节电位器 R_P，直到用万用表直流电压挡测发射极对地的电位 V_E 约为 2.0V 为止，根据式(4.3)，计算 I_C 的值。同时用直流电压表或万用表电压挡测量 V_C、V_B，并用万用表欧姆挡测量基极偏置电阻 R_{b1}，注意测量电阻 R_{b1} 时两端电路都应该断开。将测量及相应的计算数据记录到表 4.2 中。

(3) 根据这些数据，判断三极管是否工作于放大状态。

表 4.2 静态工作点的测试数据表

实际测量值				测量计算值		
V_E/V	V_C/V	V_B/V	R_{b1}/kΩ	U_{CE}/V	U_{BE}/V	I_C/mA

3. 测量电压放大倍数 A_V

在放大器输入端加入频率为 1kHz 的正弦信号 u_S，调节函数信号发生器的输出旋钮使放大器输入电压 $U_i\approx10$mV，同时用示波器观察放大器输出电压 u_o 波形，在波形不失真的条件下用交流毫伏表测量下述三种情况下的 U_o 值，并用双踪示波器观察 u_o 和 u_i 的相位关系，记入表 4.3 中。

表 4.3 电压放大倍数 A_V 数据表

R_C/kΩ	R_L/kΩ	U_o/V	A_V	观察记录一组 u_o 和 u_i 波形
2.4	∞			
1.2	∞			
2.4	2.4			

在上述三种情况下分别计算出 A_V，填入表 4.3 中，并与理论估算值进行比较。

4. 测试放大器输入电阻 r_i 和输出电阻 r_o

置 $R_c = 2.4\text{k}\Omega$，$R_L = 2.4\text{k}\Omega$，$V_E = 2\text{V}$。在放大器输入端接一个 $R_S = 5.1\text{k}\Omega$ 电阻，函数信号发生器输出一个频率为 1kHz、有效值为 10mV 的正弦波，送到 R_S 前端作为 u_S 信号。测得该电阻前后两个电压有效值 U_S 和 U_i，由式(4.7)便可计算出放大器的输入电阻 r_i。其测试原理如图 4.3 所示。

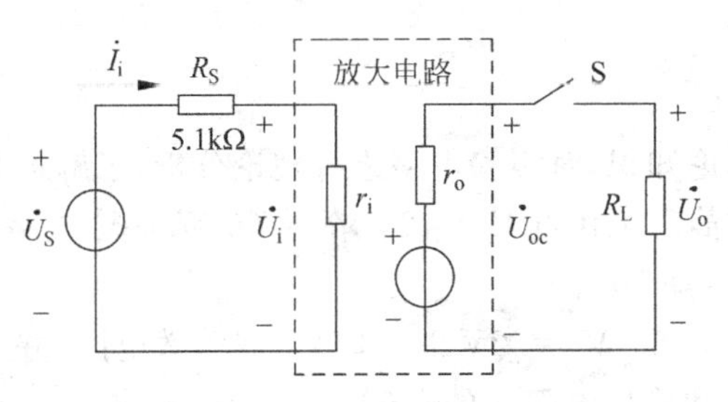

图 4.3　r_i 及 r_o 的测试原理图

$$r_i = \frac{U_i}{I_i} = \frac{U_i}{\dfrac{U_S - U_i}{R_S}} = \frac{U_i}{U_S - U_i} R_S \tag{4.7}$$

同理，保持 u_S 不变，测得输出电压有效值 U_{oc}($R_L = \infty$时)及 U_o($R_L = 2.4\text{k}\Omega$ 时)的值，可由式(4.8)算得放大器输出电阻 r_o。

$$r_o = \frac{U_{oc} - U_o}{\dfrac{U_o}{R_L}} = \frac{U_{oc} - U_o}{U_o} R_L \tag{4.8}$$

将所测数据填入表 4.4 中，并分析测试结果。

表 4.4　输入电阻和输出电阻测试数据表

$\dot{U}_S$ /mV	测输入电阻 r_i			测输出电阻 r_o			
	实际测量		测量计算	实际测量			测量计算
	$\dot{U}_i$/mV	R_S/kΩ	r_i/kΩ	U_o/V(接 R_L时)	U_{oc}/V($R_L = \infty$)	R_L/kΩ	r_o/kΩ

将计算得到的理论输入、输出阻抗值与表 4.4 测量计算得到的输入、输出阻抗值进行分析比较。

***5. 观察静态工作点对输出波形失真的影响**

置 $R_c = 2.4\text{k}\Omega$，$R_L = 2.4\text{k}\Omega$(开关 S 合上)，$u_i = 0$，调节 R_P 使 $V_E \approx 2\text{V}$($I_C \approx 2\text{mA}$)，测出 U_{CE} 的值，再逐步加大输入信号 u_i 幅度，使输出 u_o 足够大且不失真。然后保持输入信号不变，分别增大或减少 R_P，使输出波形出现失真，记录 u_o 饱和失真和截止失真的波形，并测出失真情况下的 I_C 和 U_{CE} 的值，记入表 4.5 中，每次测 I_C 和 U_{CE} 值时都要将信号源的输出旋钮旋至零。

注意：测 I_C 和 U_{CE} 的值时，都要使 $u_i = 0$。

表 4.5 静态工作点调试不当引起的放大器工作情况记录($R_L=\infty$)

静态工作点		失真类型	工作状态	u_o波形
I_C/mA	U_{CE}/V			

4.5 预习内容

(1) 复习所学的理论知识,对实验电路进行理论分析,了解每个元件的作用。

(2) 若要求电路的静态工作点 $V_E=2V$,$\beta=60$,请估算电路的基极偏置电阻 R_{b1} 的阻值,并估算相应的管压降 U_{CE}。

(3) 设晶体管的 $\beta=60$,$V_E=2V$ 时,画出微变等效电路,并估算出放大器的电压放大倍数 A_V、输入电阻 r_i 和输出电阻 r_o 的数值。

(4) 预习实验内容,了解放大电路的静态工作点及动态性能指标的测试方法。

(5) 能否用直流电压表直接测量晶体管的 U_{BE}?为什么实验中要采用测 U_B、U_E,再间接算出 U_{BE} 的方法?

(6) 参考书后的仪器说明内容,预习示波器、函数信号发生器、交流毫伏表等仪器的使用方法。

4.6 思考题

(1) 当调节偏置电阻 R_P,使放大器输出波形出现饱和失真或截止失真时,晶体管的管压降 V_{CE} 怎样变化?

(2) 如何判断截止失真和饱和失真?

(3) 要使输出波形不失真且幅度最大,最佳的静态工作点是否应选在直流负载线的中点上?

(4) 当调节偏置电阻 R_{b2},使放大器输出波形出现饱和或截止失真时,晶体管的管压降 U_{CE} 怎样变化?

(5) 测试中,如果将函数信号发生器、交流毫伏表、示波器中任一仪器接地端和其他仪器接地端不再连在一起,将会出现什么问题?

4.7 实验报告要求

(1) 列表整理测量结果,并把实测的静态工作点、电压放大倍数、输入电阻、输出电阻之值与理论计算值比较,分析产生误差原因。

(2) 总结 R_c、R_L 及静态工作点对放大器电压放大倍数、输入电阻、输出电阻的影响。

(3) 讨论静态工作点变化对放大器输出波形的影响。

(4) 分析讨论在调试过程中出现的问题。

实验 5

集成运放组成的基本运算电路

5.1 实验目的

(1) 熟悉运算放大器集成块的引脚功能及其应用。

(2) 掌握用集成运算放大器组成基本运算电路的方法。

5.2 实验原理

集成运算放大器(集成运放)是一种高增益、高输入阻抗的直接耦合多级放大器。由于其内部线路输入级大多为复合差动式放大电路,因此两输入端有同相输入端和反向输入端之分;理想集成运放的输入电阻趋向无穷大,输出阻抗近似为零,同时运放由几级电压放大器组成中间放大部分,且用电流源代替集电极电阻,电压放大倍数达数十万倍以上。因此理想集成运放有虚断和虚短两个重要的分析依据,即运放的两端输入电流 i_+、i_- 很小,可视作零,称为"虚断";运放的输入两端电位 $v_+ - v_-$ 的输入信号很小,可近似为零,特别是接成负反馈电路在线性范围内应用时,更有 $v_+ \approx v_-$,称为"虚短"。

运算放大器的符号如图 5.1 所示,本实验采用 μA741 型集成运算放大器,它是 8 脚双列直插式组件,外形和引脚配置如图 5.2 所示。

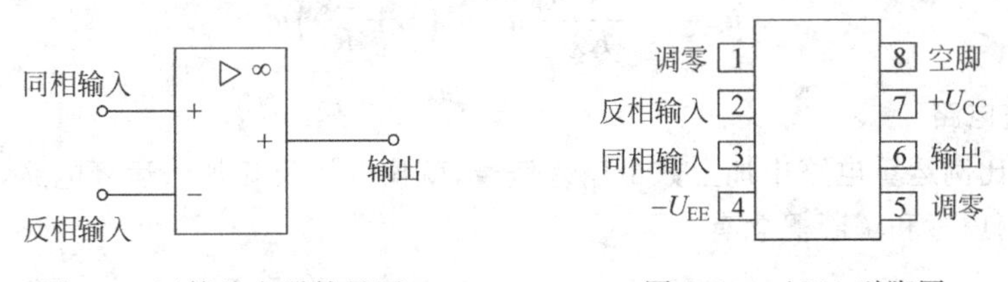

图 5.1 运算放大器符号图

图 5.2 μA741 引脚图

集成运放内部设有电平移动电路,以保证在两输入端均为对地短路时,输出接近为零。在要求严格的场合,可外接电位器进行调零。图 5.2 中 1、5 脚是调零端,集成运放的电路参数和晶体管特性不可能完全对称,因此,在实际应用当中,若输入信号为零而输出信号不为零时,可以利用这两个外接端口实现调零。

集成运算放大器在线性应用方面，可根据其反馈网络的结构和参数，实现比例、加法、减法、积分、微分等数学运算。

1. 反相比例运算

如图5.3所示为反相比例运算电路，输入电压 u_i 通过电阻 R_1 加在反相输入端，输出电压 u_o 通过反馈电阻 R_F 反馈回反相输入端，组成电压并联负反馈电路，同相输入端通过 R_2 接地。利用虚短和虚断的概念，有

$$v_+ = v_- = 0, \quad i_+ = i_- = 0$$

则有

$$i_i = \frac{u_i - v_-}{R_1} = \frac{u_i}{R_1} = i_f = \frac{v_- - u_o}{R_F} = \frac{-u_o}{R_F} \tag{5.1}$$

得到

$$u_o = -u_i \times R_F / R_1 \tag{5.2}$$

在电路的设计过程中，为了提高运算放大器的运算精度，要求运算放大器的两个输入端的直流电阻保持平衡。因此同相输入端接入补偿电阻 R_2，目的是消除运放微小的输入电流的影响，提高运算精度，其值为 $R_2 = R_F // R_1$。

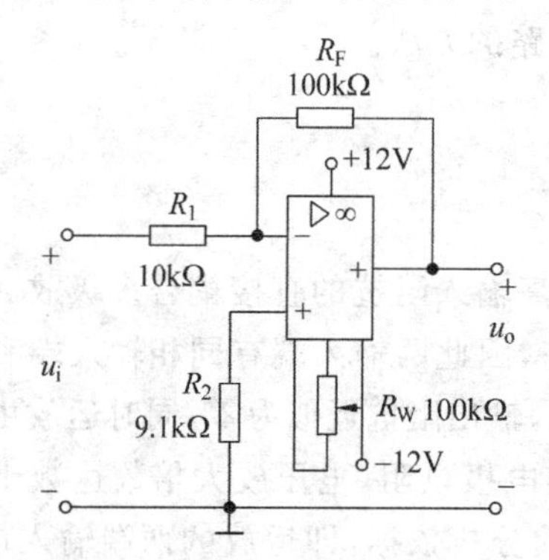

图5.3 反相比例运算电路图

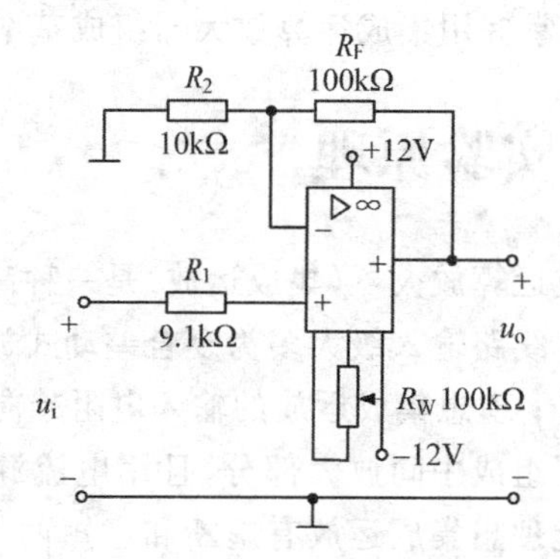

图5.4 同相比例运算电路图

2. 同相比例运算

同相比例运算电路如图5.4所示，同样可以利用虚断、虚短的概念得到

$$u_o = \frac{R_2 + R_F}{R_2} u_i = \left(1 + \frac{R_F}{R_2}\right) u_i \tag{5.3}$$

3. 加法电路

在反相比例运算电路中加上数个输入信号，就构成了反相加法运算电路，如图5.5所示，同样利用虚短和虚断概念有

$$v_+ = v_- = 0, \quad i_+ = i_- = 0$$

则

$$u_o = -\left(\frac{R_F}{R_1} u_{i1} + \frac{R_F}{R_2} u_{i2}\right) \tag{5.4}$$

电路中补偿电阻 R_3 的值应为

$$R_3 = R_1 // R_2 // R_F$$

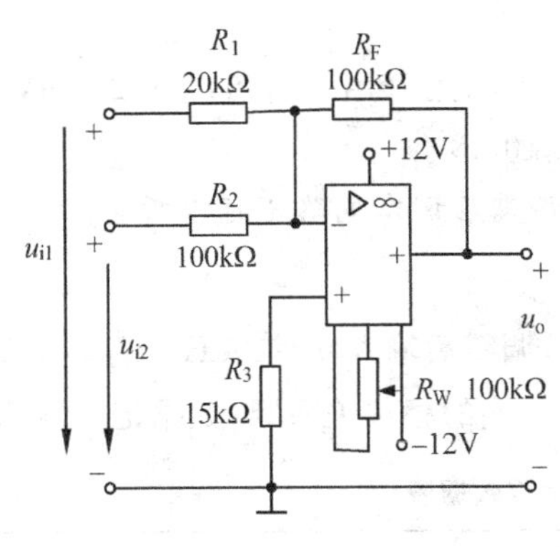

图 5.5　反相加法运算电路图

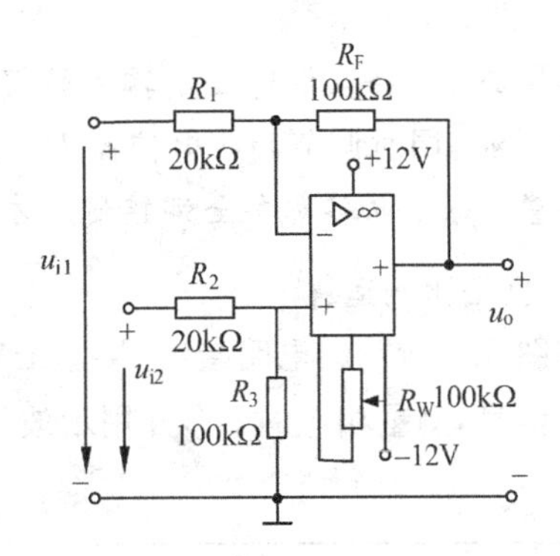

图 5.6　差动式减法运算电路图

4. 减法电路

如果把输入信号 u_{i1} 通过电阻 R_1 加在反相输入端，u_{i2} 通过电阻 R_2、R_3 分压加在同相输入端，反馈电路接法与反相输入加法电路相同，就构成了差动式减法运算电路，如图 5.6 所示，为提高运算精度，要求 $R_2//R_3=R_1//R_F$，这样根据虚断、虚短的概念可以得到输出电压与输入电压之间的关系如下。

$$u_o=\left(1+\frac{R_F}{R_1}\right)\left(\frac{R_3}{R_2+R_3}\right)u_{i2}-\frac{R_F}{R_1}u_{i1} \tag{5.5}$$

可见，该电路具有求差运算功能。

5.3　实验设备与器件

实验 5 所需的设备与器件见表 5.1。

表 5.1　实验 5 所需的设备与器件

序号	名　　称	型号与规格	数量	备注
1	模拟电子技术实验箱	THM-7	1	
2	双踪示波器	GOS-6021	1	
3	万用电表	GDM-8135	1	
4	函数信号发生器	DF1641B	1	
5	交流毫伏表	AS2174F	1	
6	直流稳压电源	XJ1780A	1	
7	主要元器件	μA741 运放	1	

5.4　实验内容

1. 调零

为了使测量数据尽可能接近理论值，要求下面所有实验电路在接好后首先要调零。调零时，集成运放 μA741 的 1、5 引脚之间接入一只 100kΩ 调零电位器 R_W，其接法如

图 5.3～图 5.6 所示。

调零方法：将实测电路的输入端接地，使 $u_i=0$，用万用表直流电压 200mV 挡测量输出电压 u_o，同时调节调零电位器 R_W，直至 $u_o \leqslant 10$mV。

注意：每个电路都要全部接好后才能调零，调零后调零电路不可以拆除。

2. 反相比例运算

按图 5.3 所示的电路接线，接通±12V 电源，调零后输入 $f=100$Hz，$U_i=0.5$V 的正弦交流信号，测量相应的 U_o，并用示波器观察 u_o 和 u_i 的相位关系，将数据记入表 5.2 中。

表 5.2 反相比例运算数据表

U_i/V	U_o/V	u_i波形	u_o波形	A_V	
				实测值	计算值
		t	t		

3. 同相比例运算

按图 5.4 所示电路接线，接通±12V 电源，调零后实验步骤同内容 2，将数据记入表 5.3 中。

表 5.3 同相比例运算数据表

U_i/V	U_o/V	u_i波形	u_o波形	A_V	
				实测值	计算值
		t	t		

4. 反相加法运算

按图 5.5 所示电路接线，接通±12V 电源，调零后在输入端加直流信号，用万用表直流电压挡测出输入、输出电压，计算电压放大倍数并与理论估算值比较，将有关数据填入表 5.4 中。

表 5.4 反相加法运算数据表

u_{i1}/V	u_{i2}/V	u_o/V(实际测量)	u_o/V(理论估算)	误差
+0.2	+0.3			

5. 差动式减法运算

按图 5.6 所示的电路接线，接通±12V 电源，调零后在输入端加直流信号，用万用表直流电压挡测出输入、输出电压，计算电压放大倍数并与理论估算值比较，将有关数据填入表5.5中。

表5.5　差动式减法运算数据表

u_{i1}/V	u_{i2}/V	u_o/V(实际测量)	u_o/V(理论估算)	误差
+0.2	+0.3			

5.5　预习内容

(1) 复习集成运放线性应用部分内容，并根据实验电路参数计算各电路输出电压的理论值。不能只代入公式，要求推导各放大倍数。

(2) 在反相加法器中，如果U_{i1}和U_{i2}均采用直流信号，并选定$U_{i2}=-1V$，当考虑到运算放大器的最大输出幅度(±12V)时，$|U_{i1}|$不应超过多少伏？

(3) 为了不损坏集成块，实验中应注意什么问题？

5.6　思考题

(1) 本实验内容中的各运算电路均工作于线性状态还是非线性状态？

(2) 为什么各电路工作之前必须先调零？用什么方法进行调零？

(3) 集成运算放大电路能放大交、直流信号，当取交流信号作为输入信号时，应考虑运算放大器的哪些因素？

(4) 实验中若将正、负电源的极性接反或输出端短路，将会产生什么后果？

5.7　实验报告要求

(1) 整理实验数据，画出波形图(注意波形间的相位关系)。

(2) 将理论计算结果和实测数据相比较，分析产生误差的原因。

(3) 分析讨论实验中出现的现象和问题。

实验 6

直流稳压电源

6.1 实验目的

(1) 研究单相桥式整流电路、电容滤波电路的特性。

(2) 掌握单相直流稳压电源的调试及其主要性能指标的测试方法。

(3) 掌握串联型晶体管稳压电源主要技术指标的测试方法。

6.2 实验原理

1. 电路组成及其工作原理

电子设备一般需要直流电源供电。这些直流电除了少数直接利用于电池和直流发电机外，大多数是采用把交流电(市电)转变为直流电的直流稳压电源来产生。

直流稳压电源的输入信号通常由电源变压器输出后，经整流电路、滤波电路、稳压电路得到稳定直流信号，提供给负载，其组成框图如图 6.1 所示。

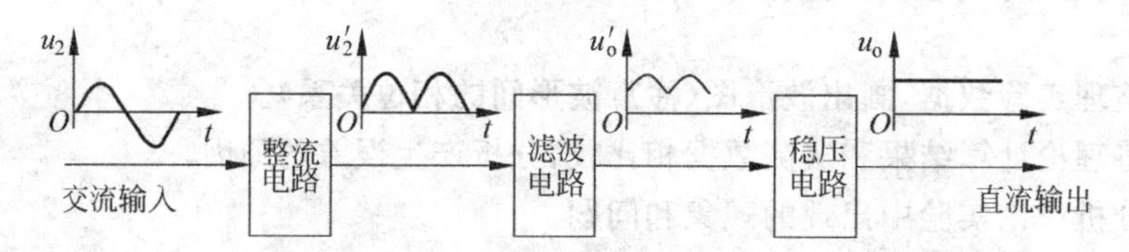

图 6.1　直流稳压电源框图

电网供给的交流电压 u_1(220V,50Hz)经电源变压器降压后，得到符合电路需要的交流电压 u_2，然后由整流电路变换成方向不变、大小随时间变化的脉动电压 u_2'，再用滤波器滤去其交流分量，就可得到比较平直的直流电压 u_o'。

半导体二极管的单向导电性可以将交流电整流成单向脉动的直流电。整流电路可分为半波整流、全波整流和桥式整流。本实验采用单相全波桥式整流电路，输出的直流电压平均值为 $U_L = 0.9U_2$。

滤波电路是利用电容和电感的充放电储能原理，将波动变化大的脉动直流电压滤波成较平滑的直流电。滤波电路有电容式、电感式、电容电感式、电容电阻式等。具体需根据负载电流大小和电流变化情况以及对纹波电压的要求选择滤波电路形式。最简单的滤波电路，就是把一个电容并联接入整流输出电路。

不同滤波条件下，整流滤波后的输出电压值是不同的，在只有电容的滤波条件下，$U_L \approx 1.2U_2$。经整流和滤波后，一般可得到较平滑的直流电压，但它往往会随电网电压的波动或负载的变化而变化。稳压电路的作用就是使输出直流电压稳定从而获得更加稳定的输出电压。如图6.2所示是CW7800系列三端稳压器的外形及应用电路，符号中“00”用数字代替，表示输出电压值。输出电压系列有5V、6V、8V、9V、12V、15V、18V、24V等。例如，CW7815表示输出稳定电压为+15V，这个系列的输出电压不可调，为固定值。在实际应用时除了输出电压和最大输出电流应该知道外，还必须注意输入电压的大小，输入电压至少要高于输出电压2～3V，但也不能超过最大输入电压(CW7800系列一般为30～40V)。

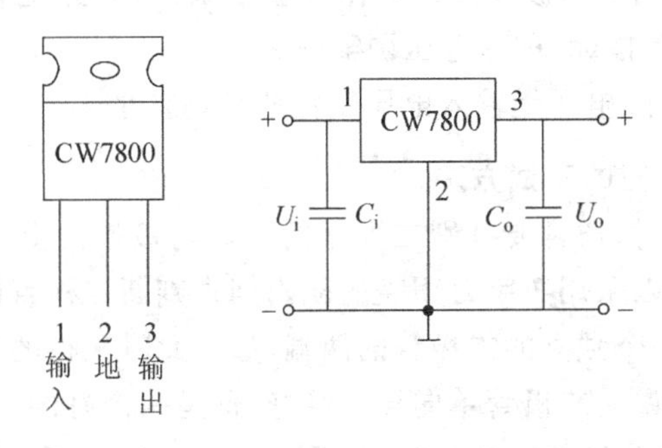

图6.2 CW7800系列三端稳压器的外形及应用电路

由CW7805组成的直流稳压电路原理图如图6.3所示(有些7800系列的管脚2为输出，管脚3为地，实际电路根据实验室提供的元器件型号来接线)。其中整流部分采用了由4个二极管组成的桥式整流器(成品又称桥堆)。C_1、C_3为低频滤波电容。C_2为高频滤波电容。C_1的作用是储能，可以有效抑制输入纹波，将脉动的整流输出电压转换成直流信号，保证当整流电压变化时，输出给稳压器的电压恒定；C_3的主要作用是抑制稳压器进行电压转化后产生的纹波，保证输出的电压曲线平滑；C_2是高频滤波电容，防止由于引线过长或其他原因引起的高频自激振荡。因而C_1取值较大，为几百至几千微法，C_3取值为几十至几百微法，C_2取值很小，通常为0.01～0.33μF。

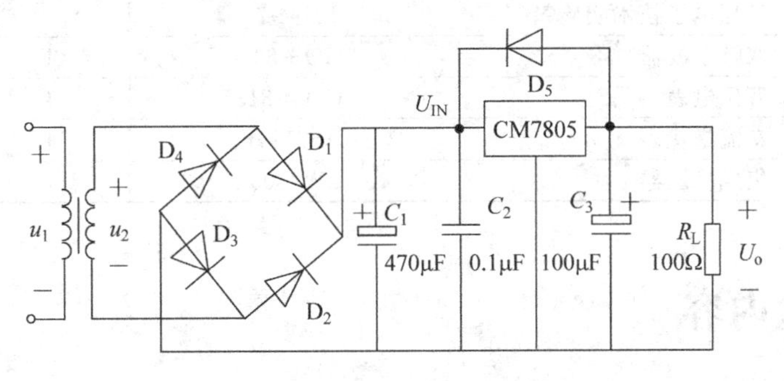

图6.3 直流稳压电源电路原理图

当稳压输出端接有直流线圈时，如果这个线圈断电，则会感生较高的反向感生电压，将三端稳压器击穿。可以在稳压器两端并联一个反向二极管，这样可以避免稳压块被击穿，起到保护作用。本实验采用IN4004保护二极管。

2. 直流稳压电源的稳压系数γ(电压调整率)

稳压系数γ是指在一定环境温度下，负载保持不变，输入电压变化时(通常由电网电压波动±10%所致)引起输出电压的相对变化量，即

$$\gamma=\left.\frac{\Delta U_o/U_o}{\Delta U_i/U_i}\right|_{R_L=常数}=\left.\frac{(U'_o-U''_o)/U_o}{(U'_i-U''_i)/U_i}\right|_{R_L=常数} \tag{6.1}$$

式中：U'_o和U'_i分别为电网变化+10%时稳压电路的输出和输入电压，U''_o和U''_i分别为电网变化−10%时稳压电路的输出和输入电压。

由于工程上常把电网电压波动±10%作为极限条件，因此也有将此时输出电压的相对变化$\Delta U_o/U_o$作为衡量指标，称为电压调整率。

γ值越小，说明输出的电压受输入电压变化的影响越小。

3. 二极管正反向电阻的测试方法

在使用二极管器件时，通常要判别二极管的好坏与极性。由于一个好的二极管正向电阻小，反向电阻大，可以采用数字万用表的欧姆挡来判断二极管的好坏与极性。万用表的红、黑表笔分别搭在一个独立的二极管的两端，如果此时测得的电阻小，再将红、黑表笔对调，测得的电阻大，则说明二极管单向导电性好，这是一个好的二极管。若测得正、反两个电阻都小，说明PN结已经被击穿损坏；若测得正、反两个电阻都大，说明PN结已经被烧断损坏。在判断二极管完好的情况下，当测得正向电阻(对应阻值较小)时，二极管接红笔的一端为阳极，接黑笔的一端为阴极。

6.3 实验设备与器件

实验6所用的设备与器件见表6.1。

表6.1 实验6所用的设备与器件

序号	名　称	型号与规格	数量	备注
1	模拟电子技术实验箱	THM-7	1	
2	双踪示波器	GOS-6021	1	
3	万用电表	GDM-8135	1	
4	交流毫伏表	AS2174F	1	
5	集成稳压器	CW7805	1	

6.4 实验内容

1. 整流滤波电路实验

按图6.4所示电路连接实验电路。选择电源变压器开关S置10V挡。

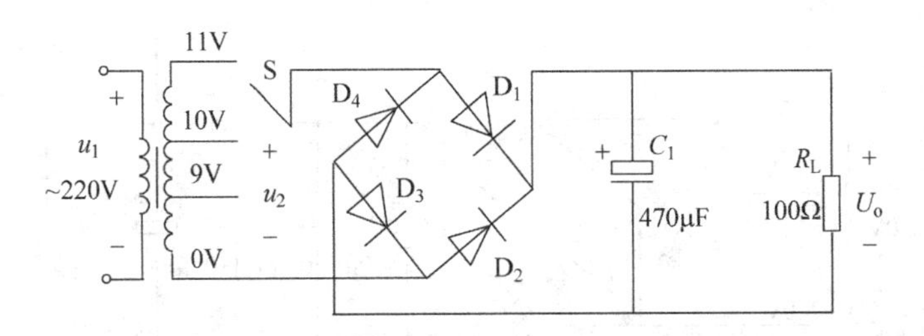

图 6.4　整流滤波电路实验图

(1) 取 $R_L = 100\Omega$，不接滤波电容 C_1，用示波器分别观察 u_2 和输出电压 u_o 波形，并测量直流输出电压 U_o（即 u_o 的直流分量）、交流电压 U_2（u_2 的有效值），将其记入表 6.2 中。

(2) 取 $R_L = 100\Omega$，$C_1 = 470\mu F$，重复(1)的要求，将数据记入表 6.2 中。

(3) 取 $R_L = 200\Omega$，$C_1 = 470\mu F$，重复(1)的要求，将数据记入表 6.2 中。

注意：

(1) 每次改接电路时，必须切断工频电源。

(2) 在用示波器观察输出电压 u_o 波形的过程中，"Y 轴灵敏度"旋钮位置调好以后，不要再变动，否则将无法比较各波形的脉动情况。

表 6.2　整流滤波电路的测量数据

电路形式		U_2/V 实际测量	U_o/V		u_o 波形
			实际测量	理论估算	
$R_L = 100\Omega$					
$R_L = 100\Omega$ $C_1 = 470\mu F$					
$R_L = 200\Omega$ $C_1 = 470\mu F$					

2. 直流稳压电源性能指标测试

断开工频电源，按图 6.5 所示电路图改接实验电路，取额定负载电阻 $R_L = 100\Omega$。

先检查电路是否工作正常。开关 S 合至位置 10V 挡，测量 U_2 值（u_2 有效值）；测量集成稳压器的输入电压 U_i（直流值），集成稳压器输出电压 U_o（直流值），并用示波器观测 CW7805 集成块的输入端和输出端的电压波形，这些数值与波形应与理论分析大致符合，

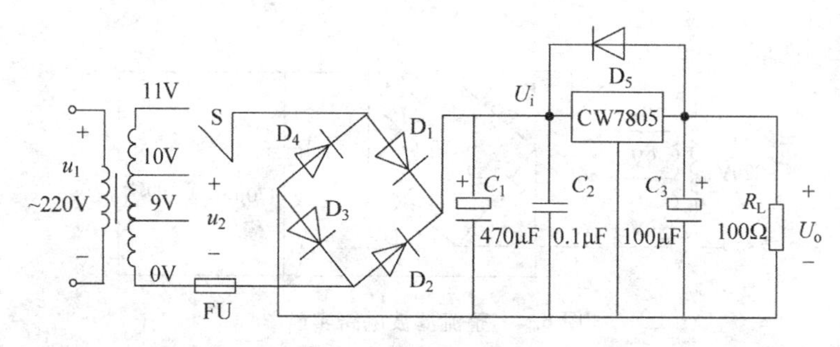

图 6.5 直流稳压电源实验图

否则说明电路出了故障。设法查找故障并加以排除。最常见的故障有熔断丝开路，断线，CW7805、电阻、电容器损坏以及连线接触不良等。

电路进入正常工作状态后，才能进行各项指标的测试。

(1) 输出电压额定值U_o的测量。开关 S 合至位置 10V 挡，测量U_2；在R_L不接的情况下，测得开路电压U_{oc}；在接上$R_L=100\Omega$(额定负载)的情况下，测得负载额定电压U_o，将上述测试值记入表 6.3 中。测得的U_o与U_{oc}应基本保持一致，若相差较大则说明集成稳压块 CW7805 性能不良。

表 6.3 直流稳压输出测量数据

测试条件		实际测量值
S 的位置	R_L	U_o/V
10V	R_L不接(开路)	$U_{oc}=$
	$R_L=100\Omega$	$U_o=$

(2) 测量稳压系数γ，取$R_L=100\Omega$不变(此时可认为输出电流达额定值并保持近似不变)，按表 6.4 改变整流电路输入电压U_2，即 S 分别合向 11V、10V、9V 位置(模拟电网电压波动±10%)，分别测出相应的稳压器输入电压U_i及输出直流电压U_o，记入表 6.4 中，并按式(6.1)计算稳压系数γ。

表 6.4 稳压系数 γ 的测量数据

测试条件		实际测量值			测量计算值
S 的位置	R_L	U_2/V	U_i/V	U_o/V	γ
1(11V)	100Ω				
2(10V)					
3(9V)					

6.5 预习内容

(1) 复习直流稳压电源电路的组成及工作原理，理解实验电路原理。

(2) 查阅 CW7805 器件手册，了解其主要参数值，便于与实验数据相比较。

(3) 掌握电路中的交流信号与直流信号差别，弄清交流地与直流地的位置，确保在实验时选择合适的测量仪器。

6.6 思考题

(1) 实验电路中，整流滤波电路的输入、输出电压，稳压器的输入、输出电压，输出纹波电压各是什么性质的电压？应该使用哪种实验仪器进行测量？

(2) 为了使稳压电源的输出电压 $U_o = 5V$，则集成稳压器输入电压的最小值 U_{min} 应等于多少？整流电路的交流输入电压最小值 U_{2min} 又怎样确定？

(3) 在桥式整流电路中，如果某个二极管发生开路、短路或反接三种情况，将会分别出现什么问题？

(4) 负载能否短路？如果负载短路，将会发生什么问题？

6.7 注意事项

(1) 本实验输入电压为交流 220V 的单相交流强电，实验时必须时刻注意人身和设备安全，千万不要大意，必须严格保证接、拆线不带电，测量调试和进行故障排除时人体绝不能触碰带强电的导体。

(2) 接线时必须十分认真仔细，反复检查接线，组装正确无误后才能通电测试。

(3) 变压器的输出端、整流电路和稳压器的输出端决不允许短路，以免烧坏元器件。

(4) 不可用万用表的电流挡和欧姆挡测量电压，当某项内容测试完毕后，必须将万用表置于交流电压最大量程。

(5) 电解电容有正负极性之分，不要接错，否则将烧坏电容。

(6) 对稳压电源的稳压系数测量，应在稳压范围内进行，否则测量无意义。

6.8 实验报告要求

(1) 简述实验电路组成及原理，画出完整的实验电路。

(2) 整理记录各项实验数据和内容，计算出有关结果，并进行分析。

(3) 根据表 6.2 中记录的数据及波形，分析当滤波电容 C_1 接入与不接入电路情况下，输出电压 u_o 的波形有何不同？直流输出电压 U_o 的值有什么不同？并与理论值相比较，分析误差产生原因。

(4) 分析讨论实验中出现的故障和排除方法。

实验 7

逻辑门电路的测试及应用

7.1 实验目的

(1) 掌握 TTL 逻辑门的逻辑功能测试方法。

(2) 掌握 TTL 集成与非门电压传输特性的意义及测量方法。

(3) 熟悉实验仪器、实验装置的结构、功能及使用方法。

7.2 实验原理

1. TTL 与非门

门电路是组成逻辑电路的最基本单元，TTL 集成与非门是工业上常用的数字集成器件。本实验采用的逻辑门型号为 74LS00，其双列直插式封装的引脚排列如图 7.1 所示。74LS00 集成元件内含有 4 个独立的两输入与非门。输入端为 A_1、B_1、A_2、B_2、A_3、B_3、A_4、B_4，输出端为 Y_1、Y_2、Y_3、Y_4，实现 $Y_1=\overline{A_1B_1}$、$Y_2=\overline{A_2B_2}$、$Y_3=\overline{A_3B_3}$、$Y_4=\overline{A_4B_4}$。

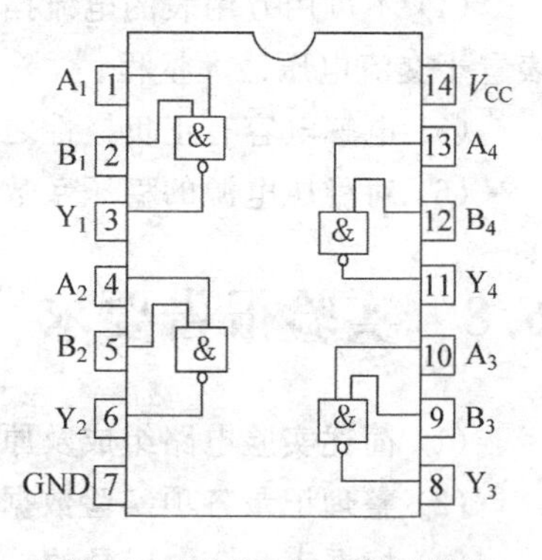

图 7.1　74LS00 与非门引脚图

根据与非门的工作原理，当输入全为高电平时输出为低电平，否则输出为高电平。

测试方法是：给门电路输入端加固定的高电平或低电平，用测试仪器或电平指示器测出门电路的输出电平。在实验使用时，首先必须对其进行逻辑功能检查；其次要测试其主要参数，以了解其电气特性，便于更好地使用。

实验时输入端的高低电平可由实验箱的 16 路逻辑开关提供：开关拨上为高电平（在正逻辑系统中为逻辑“1”），拨下为低电平（在正逻辑系统中为逻辑“0”）。也可直接接实验箱中的地线或 $+V_{CC}$（+5V）电源处。输出可用实验箱中的电平指示灯指示，输出高电平时发光二极管指示灯亮，也可用万用表直接测量输出电压值。

2. TTL与非门电压传输特性

如果将图7.2(a)所示与非门电路的一个输入端悬空或接逻辑电平"1",另一端加输入电压V_I,输出电压V_O随输入电压V_I的变化特性即为LSTTL门电路的静态电压传输特性,其传输特性曲线如图7.2(b)所示。

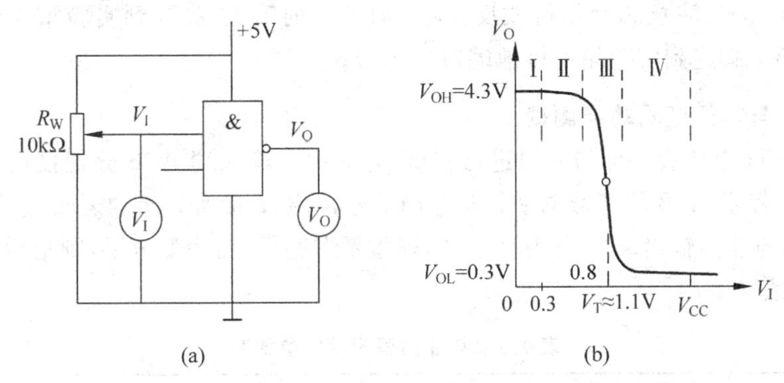

图7.2 LSTTL电路的电压传输特性测试电路及曲线

(1) 当输入电压$V_I<0.3V$时,输出为高电平V_{OH},空载时$V_{OH}\approx4.3V$,这就是图7.2(b)曲线中的第Ⅰ段。

(2) 当$V_I=0.3\sim0.8V$时,输出仍为高电平,但输出电压开始降低,如图7.2(b)曲线中的第Ⅱ段所示。

(3) 当$V_I>0.8V$时,LSTTL集成芯片内部所有晶体管同时导通,电路处于放大状态,V_I稍许升高都将引起输出电压的急剧下降,如图7.2(b)曲线中的第Ⅲ段所示。

(4) 当$V_I\geqslant1.1V$以后,LSTTL集成芯片内部部分晶体管进入微饱和状态,输出$V_{OL}\approx0.3V$,如图7.2(b)曲线中的第Ⅳ段所示。图中V_{OH}称为LSTTL电路的输出高电平,V_{OL}称为输出低电平,V_T称为阈值电压。

3. 脉冲对TTL与非门的控制特性

当TTL与非门的一端作为控制端输入脉冲信号时,该脉冲信号对与非门具有开关控制特性。当该控制端接低电平时,与非门输出始终为"1",与非门功能消失,相当于与非门被关闭;当该控制信号接高电平时,与非门的其他输入端实现正常与非功能,相当于与非门正常工作。

7.3 实验设备与器件

实验7所需的设备与器件见表7.1。

表7.1 实验7所需的设备与器件

序号	名　称	型号与规格	数量	备注
1	数字电子技术实验箱	THD-7	1	
2	数字存储示波器	TDS1002B	1	
3	50000计数万用表	ESCORT-3136A	1	
4	主要元器件	74LS00	1	

7.4 实验内容

实验箱总开关处于“关”状态，在合适的位置选取一个双列直插14脚的插座，按定位标记插好74LS00，注意芯片不可放反。将74LS00的第14脚连到实验箱+5V端口，将74LS00的第7脚连到实验箱的接地端口（“⊥”）。

1. TTL与非门逻辑功能测试

从74LS00中任选一个与非门进行测试，它的两个输入端A、B分别接逻辑开关的输出端口，以此提供A、B的高低电平。与非门的输出端Y接实验箱的逻辑电平指示器（由LED组成），与非门输出端Y若为高电平，则指示器亮，Y若为低电平，则指示器灭。将测试结果填入表7.2中。

表7.2 与非门逻辑功能参数表

输入逻辑状态		输出端Y	
A	B	逻辑状态	电平/V
0	0		
0	1		
1	0		
1	1		

2. TTL与非门电压传输特性测试

按图7.2(a)所示电路接线，调节电位器R_W使V_I值从低向高或从高向低变化，逐点测量V_I和V_O值，记入表7.3中，并在方格纸上画出电压传输特性曲线。

表7.3 电压传输特性参数测量数据表

V_I/V	0	0.2	0.3	0.7	0.8	0.9	1.0	1.1	1.2	1.3	1.5	1.8	2.0	3.0	5.0
V_O/V															

3. 观察脉冲对与非门的控制作用

分别按图7.3(a)、图7.3(b)所示电路接线，A端输入脉冲可选用实验箱中的1kHz脉冲信号源。用双踪示波器观察A端与Y端的波形，并在方格纸上画出其波形图。

***4. 设计一个三人表决器**

要求：在比赛中，有3名裁判，其中1名为主裁判。当有两名以上裁判（其中必须有1名主裁判）认为运动员成绩合格，就按动电钮，可发出成绩有效的信号。请设计该组合逻辑电路并现场演示。

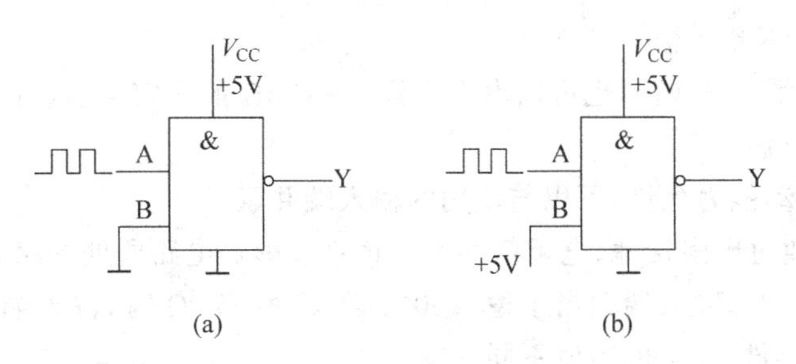

图 7.3 脉冲对与非门的开关控制实验电路

7.5 集成电路芯片简介

数字电路实验中所用到的集成芯片都是双列直插式的，其引脚排列规则如图 7.1 所示。识别方法是：正对集成电路型号（如 74LS00）或看标记（左边的缺口或小圆点标记），从左下角开始按逆时针方向以 1，2，3，…依次排列到最后一脚（在左上角）。在标准形 TTL 集成电路中，电源端 V_{CC} 一般排在左上端，接地端 GND 一般排在右下端。如 74LS00 为 14 脚芯片，14 脚为 V_{CC}，7 脚为 GND。若集成芯片引脚上的功能标号为 NC，则表示该引脚为空脚，与内部电路不连接。

7.6 实验报告要求

（1）写明实验目的。

（2）简述实验原理。

（3）实验数据按下列要求进行处理。

① 记录整理实验数据和实验结果，即完成表 7.2、表 7.3，同时将测得的表 7.3 中 TTL 与非门主要参数与器件典型参数件作比较。

② 根据表 7.3 中的数据在方格纸上画出电压传输特性曲线，并从中标出相关参数及其对应的电压值。

③ 在方格纸上画出实验内容 3 中的输入、输出信号波形图，针对输出波形加以分析。

7.7 TTL 集成电路使用规格

（1）接插集成块时，要认清定位标记，不得插反。

（2）电源电压使用范围在 4.5～5.5V 之间，实验中要求使用 $V_{CC}=5V$，电源极性绝对不允许接错。

（3）闲置输入端处理方法有以下 3 种。

① 悬空。相当于正逻辑“1”，对于一般小规模 TTL 集成电路的数据输入端，实验时允许悬空处理，但易受外界干扰，导致电路的逻辑功能不正常。因此，对于接有长线的输入端，中规模以上的集成电路和使用集成电路较多的复杂电路，所有控制输入端必须按逻

辑要求接入电路，不允许悬空。

② 直接接电源电压 V_{CC}，也可以串入 1 只 1～10kΩ 的固定电阻或接至某一固定电压(V_{INmin}～ 5V)的电源上。

③ 若前级驱动能力允许，可以与使用的输入端并联。

(4) 输入端通过电阻接地，电阻值的大小将直接影响电路所处的状态。对于 LSTTL 器件，当 $R \leqslant 750\Omega$ 时，输入端相当于逻辑“0”；当 $R \geqslant 4.7\text{k}\Omega$ 时，输入端相当于逻辑“1”。对于不同系列的器件，要求的阻值不同。

(5) 输出端不允许并联使用(OC 门和三态门除外)；否则，不仅会使电路逻辑功能混乱，而且会导致器件损坏。

(6) 输出端不允许直接接地或直接接＋5V 电源，否则将损坏器件。有时为了使后级电路获得较高的输出电平，允许输出端通过电阻 R 接至 V_{CC}，一般取 $R = 3\sim5.1\text{k}\Omega$。

实验 8

组合逻辑电路设计

8.1 实验目的

(1) 掌握用小规模集成电路设计组合逻辑电路的方法。

(2) 熟悉用中规模集成电路设计组合逻辑电路的方法。

(3) 熟悉常用集成芯片的功能及其使用。

(4) 掌握实验室设计组合逻辑电路与理论设计的差异。

8.2 实验原理

1. 组合逻辑电路设计方法

组合逻辑电路由门电路简单组合而成。在结构上没有正反馈回路,在功能上不具有记忆功能,是这类电路的显著特点。这类电路在某一时刻的输出状态仅仅取决于电路在该时刻的输入状态,而与电路过去的状态无关。

组合逻辑电路可以是单输入、单输出的,也可以是多输入、多输出的。组合逻辑电路的设计就是将实际的、有因果关系的问题用一个较合理、经济、可靠的逻辑电路来实现。组合逻辑电路设计的过程框图如图 8.1 所示。

(1) 由实际逻辑问题列出真值表。

(2) 由真值表列出输出函数的逻辑表达式。

(3) 根据电路的具体要求和器件的资源情况等因素选定器件的类型。

(4) 将逻辑函数化简或变换成与所选用的器件类型相一致。

(5) 根据化简或变换后的逻辑函数,画出逻辑电路图,并用器件实现组合安装调试。

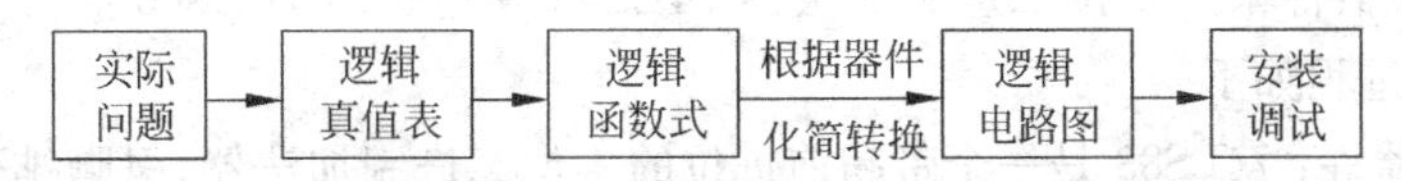

图 8.1　组合逻辑电路设计过程框图

2. 用SSI设计组合逻辑电路

SSI(Small-Scale Integration,小规模集成电路)通常指含逻辑门数小于10(或含元件数小于100个)的电路。本实验要求设计一个一位二进制全加器,实验器件采用异或门74LS86和与非门74LS00。

具体设计过程如下。

(1) 实验器件:与非门74LS00在实验7中已经测试过,引脚参考实验7的图7.1。异或门74LS86是由4个独立双输入异或门组成,引脚排列如图8.2所示。使用时电源范围同74LS00,为+5V。

(2) 根据全加器功能特点列真值表。全加器的功能是实现带进位的一位二进制数相加,它的输入由加数A、被加数B和来自低位的进位数C_I构成,输出为这三个输入的和S及高位进位C_O。真值表如表8.1所示。

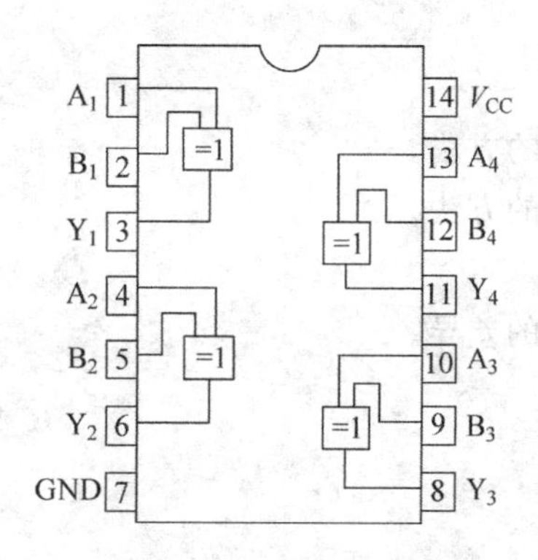

图8.2 74LS86引脚图

表8.1 全加器真值表

输入			输出	
A	B	C_I	S	C_O
0	0	0	0	0
0	0	1	1	0
0	1	0	1	0
0	1	1	0	1
1	0	0	1	0
1	0	1	0	1
1	1	0	0	1
1	1	1	1	1

(3) 根据真值表列出输出的逻辑函数表达式。

$$S = \overline{A}\,\overline{B}C_I + \overline{A}B\,\overline{C_I} + A\overline{B}\,\overline{C_I} + ABC_I \tag{8.1}$$

$$C_O = \overline{A}BC_I + A\overline{B}C_I + AB\,\overline{C_I} + ABC_I = \overline{A}BC_I + A\overline{B}C_I + AB \tag{8.2}$$

(4) 根据实验提供的两个器件,将逻辑函数转换为

$$S = A \oplus B \oplus C \tag{8.3}$$

$$C_O = (A \oplus B)C_I + AB = \overline{\overline{(A \oplus B)C_I} \cdot \overline{AB}} \tag{8.4}$$

(5) 逻辑电路图设计如图8.3所示。

3. 用MSI设计组合逻辑电路

MSI(Medium-Scale Integration,中规模集成电路)通常指含逻辑门数为10～99(或含元件数100～999个)的电路。本实验要求设计一个将4位二进制码转换成8421 BCD码的电路,实验器件采用4位二进制加法器74LS83和与非门74LS00。

具体设计过程如下。

(1) 实验器件:74LS83是一个带超前进位的4位二进制加法器,引脚排列如图8.4(a)所示。图8.4(b)所示是逻辑符号,其中$A_3A_2A_1A_0$、$B_3B_2B_1B_0$是两个4位二进制加数,C_I是低位进位输入,$S_3S_2S_1S_0$是$A_3A_2A_1A_0$、$B_3B_2B_1B_0$和C_I的二进制和,C_O是进位输出。使

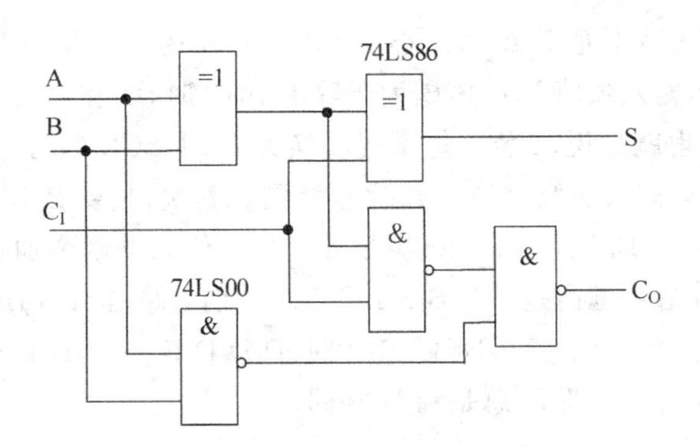

图 8.3　用异或门和与非门实现全加器电路

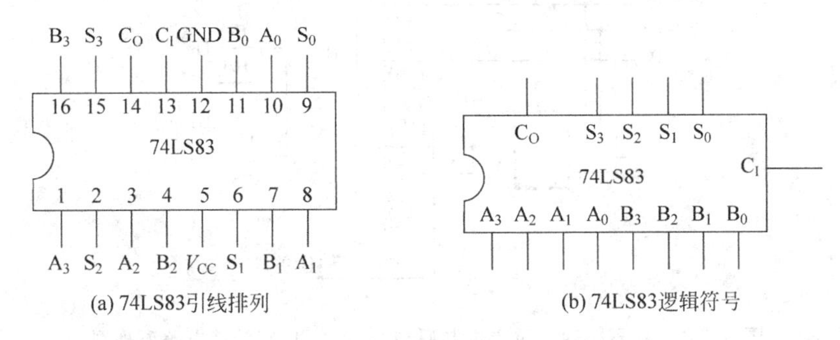

(a) 74LS83引线排列　　(b) 74LS83逻辑符号

图 8.4　74LS83 引线排列和逻辑符号

用时电源范围同 74LS00，为＋5V。

(2) 根据逻辑问题列出 4 位二进制码与 8421 BCD 码的对照真值表，如表 8.2 所示。

表 8.2　4 位二进制码与 8421 BCD 码的对照真值表

等效十进制数	输入（二进制数）				输出（8421 BCD 码）				
					十位	个　位			
	B_3	B_2	B_1	B_0	D_4	D_3	D_2	D_1	D_0
0	0	0	0	0	0	0	0	0	0
1	0	0	0	1	0	0	0	0	1
2	0	0	1	0	0	0	0	1	0
3	0	0	1	1	0	0	0	1	1
4	0	1	0	0	0	0	1	0	0
5	0	1	0	1	0	0	1	0	1
6	0	1	1	0	0	0	1	1	0
7	0	1	1	1	0	0	1	1	1
8	1	0	0	0	0	1	0	0	0
9	1	0	0	1	0	1	0	0	1
10	1	0	1	0	1	0	0	0	0
11	1	0	1	1	1	0	0	0	1
12	1	1	0	0	1	0	0	1	0
13	1	1	0	1	1	0	0	1	1
14	1	1	1	0	1	0	1	0	0
15	1	1	1	1	1	0	1	0	1

从表中发现，当输入数值 $B_3B_2B_1B_0$ 小于 1010 时，$B_3B_2B_1B_0$ 与 $D_3D_2D_1D_0$ 完全相同，十位数 D_4 始终为 0；当输入数值 $B_3B_2B_1B_0$ 大于等于 1010 时，D_0 和 B_0 保持相同外，$B_3B_2B_1$ 总比 $D_4D_3D_2D_1$ 小 3。也就是说，4 位二进制码转换为 8421 BCD 码时，无论输入何种状态，输出的低(个)位 D_0 与输入的低(个)位 B_0 完全相同。其次，只要 $B_3B_2B_1 \geqslant 101$ 时，令其加 011，即可获得高位输出 $D_4D_3D_2D_1$。所以可用一个 4 位二进制全加器集成电路来实现，如图 8.5 所示。图中虚线框内是一个 $B_3B_2B_1 \geqslant 101$ 判别电路，当 $B_3B_2B_1 \geqslant 101$ 时输出 $Y = 1$，否则 $Y = 0$。这样便实现了当 $B_3B_2B_1 \geqslant 101$ 时，$D_4D_3D_2D_1 = B_3B_2B_1 + 011$；当 $B_3B_2B_1 < 101$ 时，$D_3D_2D_1 = B_3B_2B_1$；而 D_0 总是和 B_0 相同。

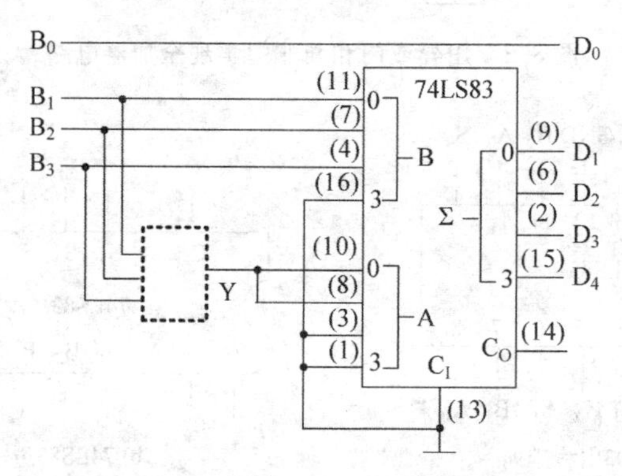

图 8.5 加法器实现 4 位二进制码与 8421 BCD 码转换电路原理图

(3) 根据上面的原理简述，设计图 8.5 虚线框中的判别电路。$B_3B_2B_1 \geqslant 101$ 的判别电路是一个组合逻辑电路，其卡诺图如图 8.6 所示。

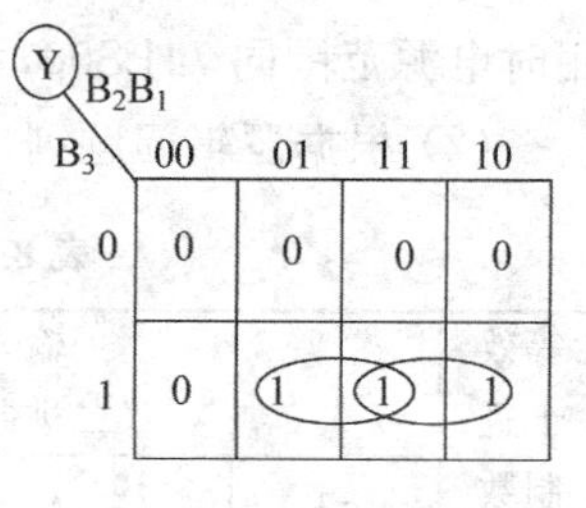

图 8.6 判别电路

由卡诺图化简后可得

$$Y = B_3B_2 + B_3B_1 = \overline{\overline{B_3B_2}\ \overline{B_3B_1}} \qquad (8.5)$$

这个组合逻辑电路可以由 74LS00 与非门构成。

(4) MSI 的设计思路并非唯一，相同器件条件下此例还可以采用其他方案实现，大家可以自行设计。

8.3 实验设备与器件

实验 8 所需的设备与器件见表 8.3。

表 8.3 实验 8 所需的设备与器件

序号	名 称	型号与规格	数量	备注
1	数字电子技术实验箱	THD-7	1	
2	50000 计数万用表	ESCORT-3136A	1	
3	主要元器件	74LS86、74LS151、74LS83、74LS00		

8.4　实验内容

1. 一位二进制全加器设计及其逻辑功能测试

实验器件采用异或门 74LS86 和与非门 74LS00。分清器件的外引线，检查所用异或门、与非门逻辑功能是否正常。

根据图 8.3 所示全加器实验图连接电路，输入端接实验箱逻辑电平开关，输出端接逻辑电平指示器。检查连线正确后务必将 74LS86 与 75LS00 接上电源和地线。

把 A、B、C_I 端按表 8.4 所示分别接高或低电平，用万用表测出相应的 S、C_O，记录在表 8.4 中，并与真值表比较。

表 8.4　全加器电路测试数据表

输　入			输　出			
A	B	C_I	S		C_O	
状态	状态	状态	状态	电平/V	状态	电平/V
0	0	0				
0	0	1				
0	1	0				
0	1	1				
1	0	0				
1	0	1				
1	1	0				
1	1	1				

2. 4 位二进制码转换成 8421 BCD 码电路设计

(1) 根据实验原理说明，完成实验电路的连接。

(2) 4 位二进制码的输入 $B_3B_2B_1B_0$ 采用实验箱中的逻辑电平开关输出端输出电平，实验原理图中的虚线框是一个组合逻辑电路，逻辑关系见式(8.5)，内部电路均采用与非门，使用 74LS00 与非门芯片。输出 $D_4D_3D_2D_1D_0$ 接至实验箱的逻辑电平指示器。

(3) 连线正确后，将每个芯片的电源及地端分别接至实验箱的电源+5V 和地线上。

(4) 将实验结果记录到表 8.5 中。

3. 4 变量奇偶判别电路设计

用 8 选 1 数据选择器 74LS151 和与非门 74LS00 设计一个 4 变量奇偶判别电路。要求当 4 个输入中有奇数个高电平 1 时电路输出高电平 1，否则输出低电平 0。

(1) 实验器件：74LS151 是 8 选 1 的数据选择器，引脚排列如图 8.7(a)所示，图 8.7(b)所示是逻辑符号，其中 $D_7 \sim D_0$ 是 8 个输入数据，A、B、C 是地址输入，使能端 $\bar{E}$ 为 0 时数据选择器工作，否则输出 Y 始终为 0。输入输出之间关系满足式(8.6)。

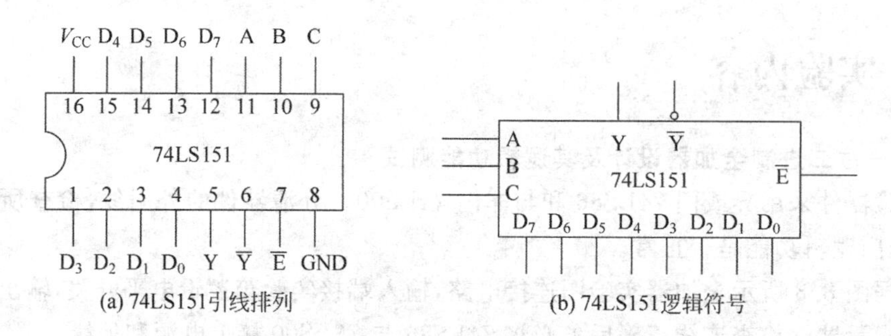

(a) 74LS151引线排列 (b) 74LS151逻辑符号

图 8.7 74LS151 引线排列和逻辑符号

表 8.5 4 位二进制码转换成 8421 BCD 码实验数据

输入（4 位二进制码）				输出(8421 BCD 码)				
				十位	个位			
B_3	B_2	B_1	B_0	D_4	D_3	D_2	D_1	D_0
0	0	0	0					
0	0	0	1					
0	0	1	0					
0	0	1	1					
0	1	0	0					
0	1	0	1					
0	1	1	0					
0	1	1	1					
1	0	0	0					
1	0	0	1					
1	0	1	0					
1	0	1	1					
1	1	0	0					
1	1	0	1					
1	1	1	0					
1	1	1	1					

$$Y = \overline{A}\overline{B}\overline{C}D_0 + \overline{A}\overline{B}CD_1 + \overline{A}B\overline{C}D_2 + \overline{A}BCD_3 + A\overline{B}\overline{C}D_4 + A\overline{B}CD_5 + AB\overline{C}D_6 + ABCD_7 \tag{8.6}$$

(2) 根据提供的实验器件，预先设计好实验电路图，并完成逻辑功能测试，测试数据填入表 8.6 中。

表 8.6　4 变量奇偶判别电路实验数据

输　入				输出
D_3	D_2	D_1	D_0	Y
0	0	0	0	
0	0	0	1	
0	0	1	0	
0	0	1	1	
0	1	0	0	
0	1	0	1	
0	1	1	0	
0	1	1	1	
1	0	0	0	
1	0	0	1	
1	0	1	0	
1	0	1	1	
1	1	0	0	
1	1	0	1	
1	1	1	0	
1	1	1	1	

8.5　预习内容

(1) 复习组合逻辑电路的设计方法。

(2) 完成图 8.5 中的虚线框组合逻辑电路设计图。

(3) 按照实验内容 3 设计 4 变量奇偶判别电路,画出其逻辑电路图和实验电路,并拟定实验步骤。

8.6　实验报告要求

(1) 简写实验目的。

(2) 简写实验原理。

① 简要地写出全加器的设计过程,画出全加器的逻辑电路图。

② 简要地写出 4 位二进制码转换成 8421 BCD 码的转换原理,画出逻辑电路图。

③ 简要地写出 4 变量奇偶判别电路的设计过程,画出其逻辑电路图。

(3) 列出所用的仪器和器件。

(4) 总结实验中遇到的问题及解决方法、实验注意事项等。

实验 9

计数器及其应用

9.1 实验目的

(1) 学习计数器的工作原理。

(2) 掌握中规模集成计数器的使用及功能测试方法。

(3) 掌握集成计数器的基本功能和七段数码显示器的工作原理。

(4) 掌握同步清零与异步置数对计数器进制的影响。

9.2 实验原理

1. 集成十进制计数器 74LS192

计数器在数字系统中主要是对脉冲的个数进行计数,以实现测量、计数和控制的功能,同时兼有分频功能。

计数器种类很多,常用的有二进制计数器、十进制计数器和任意制计数器。计数器根据时钟脉冲控制方式不同,还可以分为同步计数器和异步计数器;也可以根据计数器的计数方式不同分为加计数器、减计数器和双向可逆计数器。

本实验采用 74LS192 同步十进制可逆计数器,它具有双时钟输入,可以实现异步清零和异步置数等功能,其引脚排列和逻辑功能如图 9.1 所示。

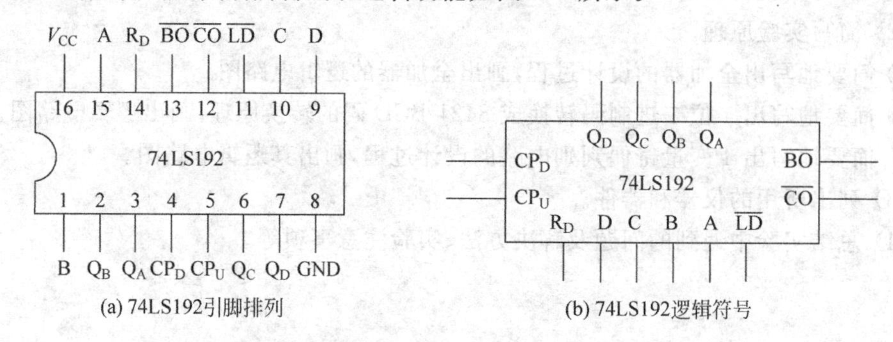

图 9.1 74LS192 引脚排列及逻辑符号

图中74LS192的逻辑功能如表9.1所示，其引脚功能说明如下。

R_D：异步清零端，高电平清零，正常计数时必须接地。

$\overline{LD}$：异步置数端，异步清零端无效时($R_D=0$)，低电平置数($Q_DQ_CQ_BQ_A=DCBA$)，正常计数时必须接1。

CP_U：加计数脉冲输入端。

CP_D：减计数脉冲输入端。

$\overline{CO}$：非同步进位输出端。

$\overline{BO}$：非同步借位输出端。

A、B、C、D：计数器置数输入端。

Q_A、Q_B、Q_C、Q_D：数据输出端。

表9.1　74LS192的逻辑功能表

输入								输出			
R_D	$\overline{LD}$	CP_U	CP_D	D	C	B	A	Q_D	Q_C	Q_B	Q_A
1	×	×	×	×	×	×	×	0	0	0	0
0	0	×	×	D	C	B	A	D	C	B	A
0	1	↑	1	×	×	×	×	加计数			
0	1	1	↑	×	×	×	×	减计数			

2. 集成计数器的扩展应用

一个十进制计数器只能表示0～9这10个数，为了扩大计数器范围，常用多个十进制计数器级联来扩展计数范围。

同步计数器往往设有进位(或借位)输出端，故可选用其进位(或借位)输出信号驱动下一级计数器。

(1) 六十进制计数器设计

如图9.2所示是由74LS192利用进位输出$\overline{CO}$控制高位的CP_U端构成的六十进制计数器。

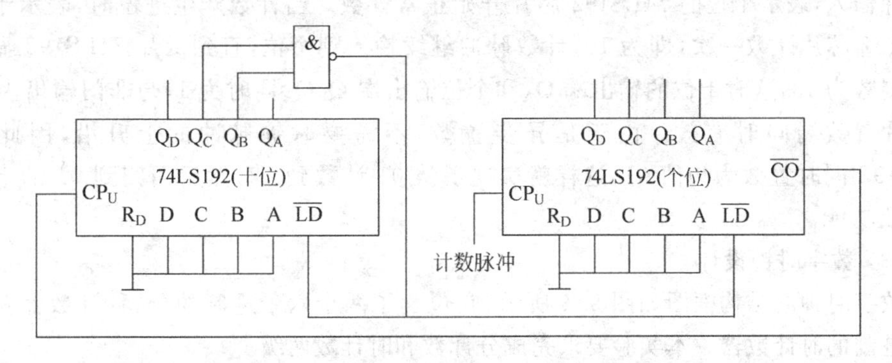

图9.2　74LS192构成的六十进制计数器

原理简述如下。

个位74LS192只要有计数脉冲从加计数脉冲输入端输入就正常计数，逢十产生进位输出。十位 74LS192 的工作取决于个位计数器的进位输出，只要有进位，十位 74LS192 就计数一次，这样的级联构成了十位计数器的正常工作。如果没有十位计数器的输出逻辑电路控制，这两片计数器可以构成 0～99 的计数进制。

由于本实验设计的是六十进制，因此当十位为 5，个位计数到 9，即总的计数值为 59 时，下一个计数脉冲的到来必须让两片计数器归零。本实验利用异步置数端$\overline{LD}$控制归零，因此当十位输出为 6 时，即 $Q_D Q_C Q_B Q_A = 0110$ 时，两片 74LS192 均输出预置数 0000，故将 $Q_C Q_B$接与非门，当这两个端子输出为 1 时，$\overline{LD}$有效，输出归零。(在这个例子中，由于个位正好从 9 变换到 0，因此个位$\overline{LD}$不接与非门输出的控制信号，该芯片也能归零。)

同理可以设计任意进制计数器。

(2) 十二进制计数器设计

如图 9.3 所示是由两片 74LS192 构成的特殊十二进制计数器。其计数范围不是从 0 到 11，而是从 1 到 12，当输出为 13 时(不包含 13)，输出回归置数为 1。

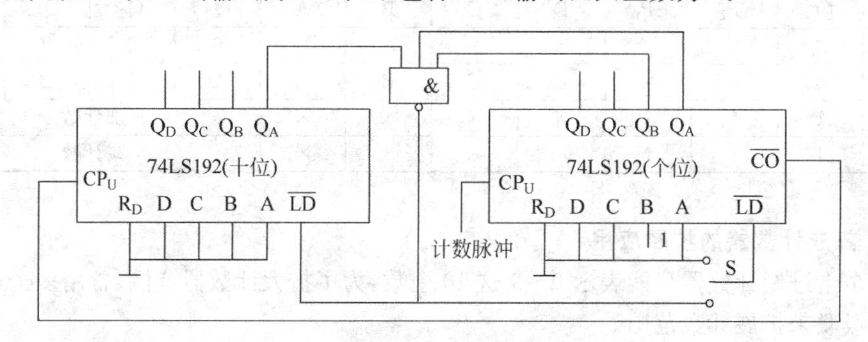

图 9.3 特殊十二进制计数器

原理简述如下。

上电后将开关 S 拨到地线端，让两片 74LS192 的$\overline{LD}$置数端有效，输出置数为 00000001，即输出为十进制数 01。然后将开关 S 拨向与非门控制输出端，这时只要有计数脉冲输入，表示个位的 74LS192 芯片开始正常计数。当计数产生进位时，表示十位的 74LS192 芯片计数一次，即为 10，计数脉冲继续输入到个位，直到两片 74LS192 显示的十进制数为 13，这时十位的输出端 Q_A和个位输出端 $Q_B Q_A$同时为 1，与非门输出为 0，两个芯片置数端同时有效。由于是异步置数，不需要时钟脉冲的上升沿，因此两片 74LS192 同时置数为初值 01，这样就实现了从 01 计数到 12，然后回归到 01 的十二进制计数功能。

(3) 数字时钟设计

数字时钟的结构框图如图 9.4 所示，它包含了两个六十进制的分、秒计数器及一个十二进制的时计数器。本实验要求完成分计数和时计数两级。

分计数器的计数脉冲输入由实验箱的单脉冲源输出端手动输出提供，也可以由连续脉冲信号输出端自动产生输出。用于显示分、时的 4 个七段数码管及其译码器在实验箱中已有固定电路，直接连接即可。

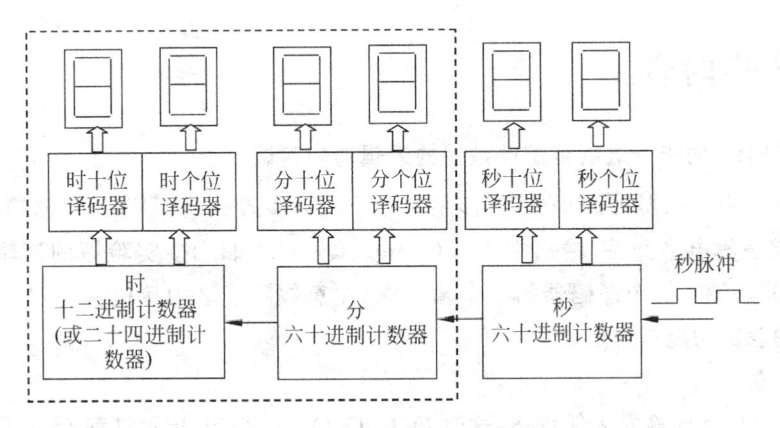

图9.4　数字时钟的结构框图

3. 74LS20 双独立4输入与非门

在图9.3所示电路中，用到了三输入与非门，本实验采用74LS20双独立4输入与非门。其引脚排列如图9.5所示，电源同74LS00，为+5V。

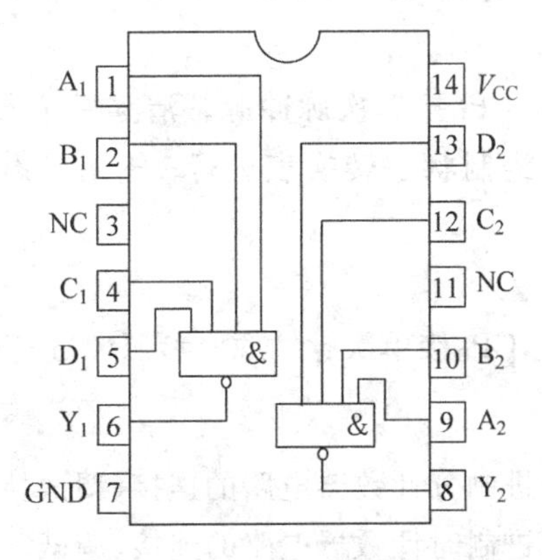

图9.5　74LS20与非门引脚图

9.3　实验设备与器件

实验9所需的设备与器件见表9.2。

表9.2　实验9所需的设备与器件

序号	名　称	型号与规格	数量	备注
1	数字电子技术实验箱	THD-7	1	
2	数字存储示波器	TDS1002B	1	
3	50000计数万用表	ESCORT-3136A	1	
4	主要元器件	74LS192、74LS00、74LS20		

9.4 实验内容

1. 74LS192 同步十进制可逆计数器的逻辑功能测试

计数脉冲由单次脉冲源提供，异步清零端 R_D、异步置数端 $\overline{LD}$ 以及数据输入端 D、B、C、A 分别接逻辑电平开关，输出端 Q_D、Q_C、Q_B、Q_A、$\overline{CO}$ 和 $\overline{BO}$ 接实验箱的逻辑电平指示器，同时接实验箱上一个译码器的 4 个输入端，注意数码管必须接电源＋5V。逐一检测 74LS192 的逻辑功能是否正常。

(1) 清零

令 $R_D=1$，其他输入为任意态，这时 $Q_DQ_CQ_BQ_A=0000$，指示灯都不亮，同时译码数字显示为 0。清零功能完成后，置 $R_D=0$。

(2) 置数

$R_D=0$，CP_U、CP_D 任意，数据输入端输入任意一组二进制数，令 $\overline{LD}=0$，观察计数译码显示输出，预置数功能是否完成，此后置 $\overline{LD}=1$。

(3) 加计数

$R_D=0$，$\overline{LD}=CP_D=1$，CP_U 接单次脉冲源。清零后送入 10 个单次脉冲，观察译码数字显示是否按 8421 码十进制状态转换表进行；输出状态变化是否发生在 CP_U 的上升沿。

(4) 减计数

$R_D=0$，$\overline{LD}=CP_U=1$，CP_D 接单次脉冲源。参照(3)进行实验。

2. 数字时钟设计

(1) 按图 9.2 完成六十进制分计数器电路的连接、调试。

(2) 按图 9.3 完成十二进制时计数器电路的连接、调试。

在完成以上两个步骤时必须注意，每个芯片都要接电源和地线，每个芯片的输出端都接在一个数码管的前端译码器输入端上。数码管必须接电源＋5V。

(3) 把上述已调试好的时计数器和分计数器级联起来。

9.5 预习内容

(1) 复习有关计数器部分内容。

(2) 思考六十进制计数器控制端接置数端和清零端功能是否一致。

(3) 思考特殊的十二进制计数器为何要使用一个双向拨位开关；能否直接将置数端通过一个开关接地。

(4) 预先设计将数字时钟的时计数器与分计数器连接起来。

9.6　实验报告要求

(1) 简写实验目的。

(2) 简写实验原理。

(3) 写出设计数字时钟电路的设计步骤、实验步骤，画出实验电路图。

(4) 画出24小时制数字时钟的设计步骤和实验电路图。

(5) 写出在实验中遇到的问题、解决方法和注意事项。

实验 10

555 时基电路及其应用

10.1 实验目的

(1) 熟悉 555 型集成时基电路的结构、工作原理及特点。

(2) 掌握 555 型集成时基电路的基本应用。

10.2 实验原理

集成时基电路又称为集成定时器或 555 电路,是一种数字、模拟混合型的中规模集成电路,应用十分广泛。它是一种产生时间延迟和多种脉冲信号的电路,由于内部电压标准使用了三个 5kΩ 电阻,故取名 555 电路。其电路类型有双极型和 CMOS 型两大类,两者的结构与工作原理类似。几乎所有的双极型产品型号最后的三位数码都是 555 或 556;所有的 CMOS 产品型号最后 4 位数码都是 7555 或 7556,两者的逻辑功能和引脚排列完全相同,易于互换。555 和 7555 是单定时器。556 和 7556 是双定时器。双极型的电源电压 $V_{CC}=+5\sim+15V$,输出的最大电流可达 200mA,CMOS 型的电源电压为 $+3\sim+18V$。

1. 555 电路的工作原理

555 电路的内部电路方框图如图 10.1 所示。它含有两个电压比较器,一个基本 RS 触发器,一个放电开关管 T。比较器的参考电压由三只 5kΩ 的电阻器构成的分压器提供,它们分别使高电平比较器 A_1 的同相输入端和低电平比较器 A_2 的反相输入端的参考电平为 $\frac{2}{3}V_{CC}$ 和 $\frac{1}{3}V_{CC}$。A_1 与 A_2 的输出端控制 RS 触发器的状态和放电管开关的状态。当输入信号自 6 脚输入,即高电平触发输入并超过参考电平 $\frac{2}{3}V_{CC}$ 时,触发器复位,555 的输出端 3 脚输出低电平,同时放电开关管导通;当输入信号自 2 脚输入并低于 $\frac{1}{3}V_{CC}$ 时,触发器置位,555 的 3 脚输出高电平,同时放电开关管截止。

$\overline{R_D}$ 是复位端(4 脚),当 $\overline{R_D}=0$ 时,555 输出低电平。平时 $\overline{R_D}$ 端开路或接 V_{CC}。V_C 是控

制电压端(5 脚)，平时输出$\frac{2}{3}V_{CC}$作为比较器 A_1 的参考电平，当 5 脚外接一个输入电压，即改变了比较器的参考电平时，会实现对输出的另一种控制。在不接外加电压时，通常接一个 0.01μF 的电容器到地，起滤波作用，以消除外来的干扰，确保参考电平的稳定。T 为放电管，当 T 导通时，将给接于脚 7 的电容器提供低阻放电通路。

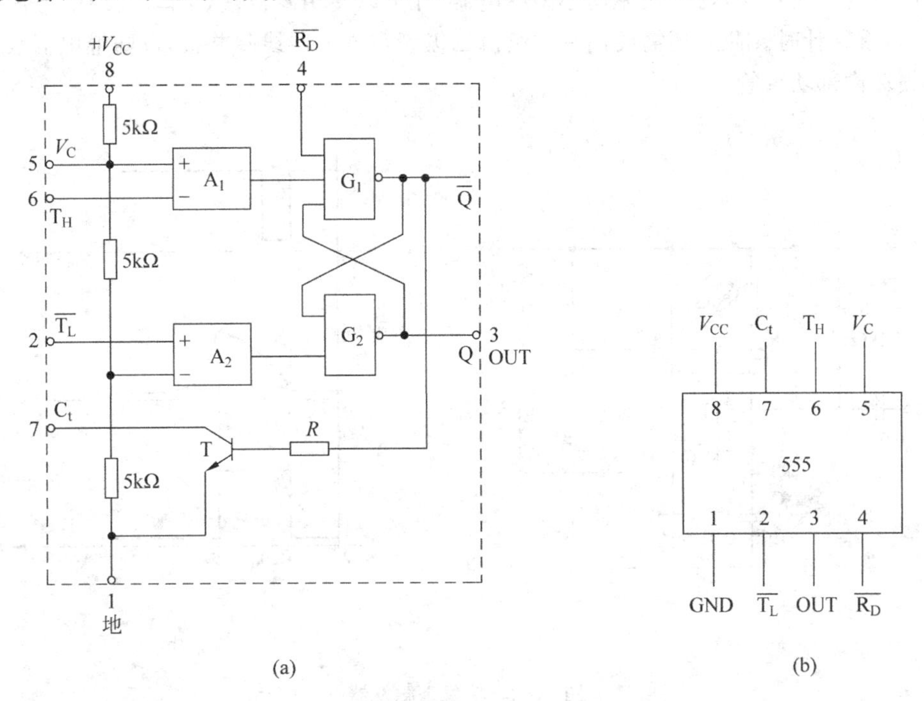

图 10.1　555 定时器内部框图及引脚排列

555 定时器主要是与电阻、电容构成充放电电路，并由两个比较器来检测电容器上的电压，以确定输出电平的高低和放电开关管的通断。这就很方便地构成从微秒到数十分钟的延时电路，从而构成单稳态触发器、多谐振荡器、施密特触发器等脉冲产生或波形变换电路。

2. 555 定时器的典型应用

(1) 构成单稳态触发器

如图 10.2(a)所示为由 555 定时器和外接定时元件 R、C 构成的单稳态触发器。触发电路由 C_1、R_1、D 构成，其中 D 为钳位二极管，稳态时 555 电路输入端处于电源电平，内部放电开关管 T 导通，输出端 F 输出低电平。当有一个外部负脉冲触发信号经 C_1 加到 2 端。并使 2 端电位瞬时低于$\frac{1}{3}V_{CC}$，低电平比较器动作，单稳态电路即开始一个暂态过程，电容 C 开始充电，V_C按指数规律增长。当 V_C充电到$\frac{2}{3}V_{CC}$时，高电平比较器动作，比较器 A_1 翻转，输出 v_O从高电平返回低电平，放电开关管 T 重新导通，电容 C 上的电荷很快经放电开关管放电，暂态结束，恢复稳态，为下个触发脉冲的来到做好准备。波形图如

图 10.2(b)所示。

暂稳态的持续时间 t_W(即为延时时间)决定于外接元件 R、C 值的大小。

$$t_W = 1.1RC$$

通过改变 R、C 的大小,可使延时时间在几个微秒到几十分钟之间变化。当这种单稳态电路作为计时器时,可直接驱动小型继电器,并可以使用复位端(4 脚)接地的方法来中止暂态,重新计时。此外还需要用一个续流二极管与继电器线圈并接,以防继电器线圈反电势损坏内部功率管。

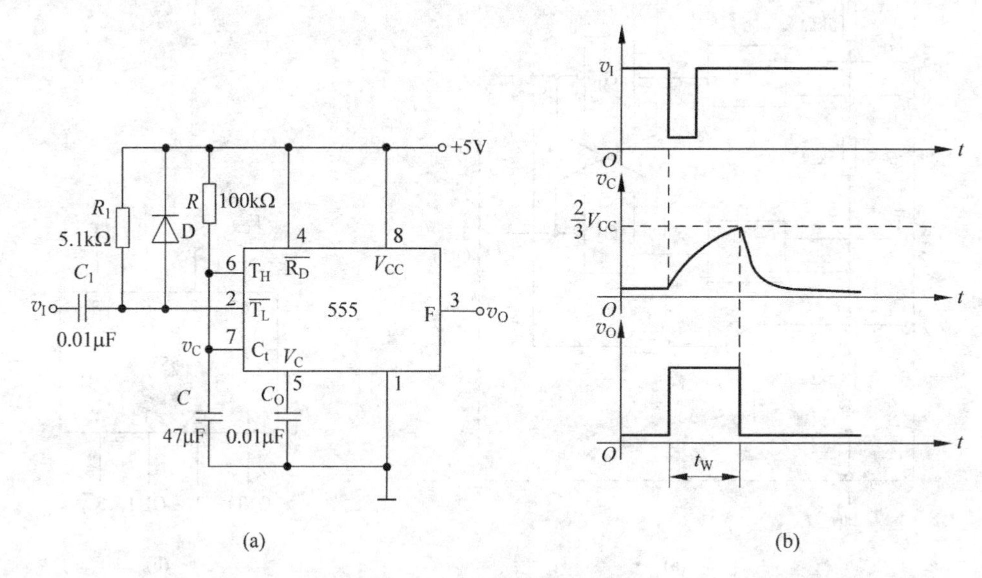

图 10.2 单稳态触发器

(2) 构成多谐振荡器

如图 10.3(a)所示,由 555 定时器和外接元件 R_1、R_2、C 可构成多谐振荡器,脚 2 与脚 6 直接相连。电路没有稳态,仅存在两个暂稳态,电路也不需要外加触发信号,而是利用电源通过 R_1、R_2 向 C 充电,并且 C 通过 R_2 向放电端 C_t 放电,从而使电路产生振荡。电容 C 在 $\frac{1}{3}V_{CC}$ 和 $\frac{2}{3}V_{CC}$ 之间充电和放电,其波形如图 10.3(b)所示。输出信号的时间参数是

$$T = t_{W1} + t_{W2}, \quad t_{W1} = 0.7(R_1 + R_2)C, \quad t_{W2} = 0.7R_2C$$

555 电路要求 R_1 与 R_2 均应大于或等于 1kΩ ,但 $R_1 + R_2$ 应小于或等于 3.3MΩ。

外部元件的稳定性决定了多谐振荡器的稳定性,555 定时器配以少量的元件即可获得较高精度的振荡频率和较强的输出功率,因此这种形式的多谐振荡器应用很广。

(3) 组成占空比可调的多谐振荡器

电路如图 10.4 所示,它比图 10.3 所示电路增加了一个电位器和两个导引二极管。D_1、D_2 用来决定电容充、放电电流流经电阻的途径(充电时 D_1 导通,D_2 截止;放电时 D_2 导通,D_1 截止)。

占空比如下。

$$P = \frac{t_{W1}}{t_{W1} + t_{W2}} \approx \frac{0.7R_AC}{0.7C(R_A + R_B)} = \frac{R_A}{R_A + R_B}$$

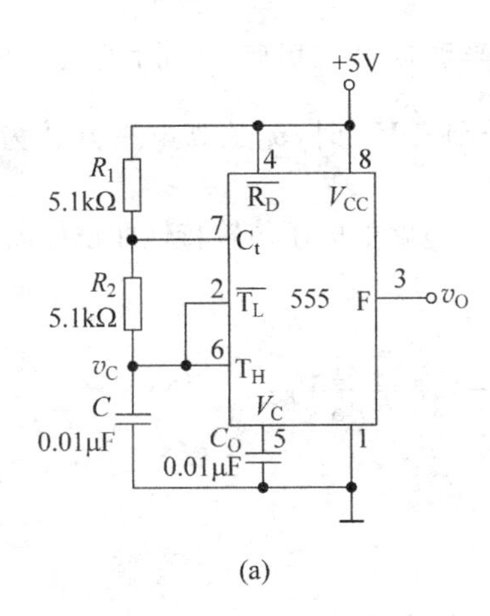

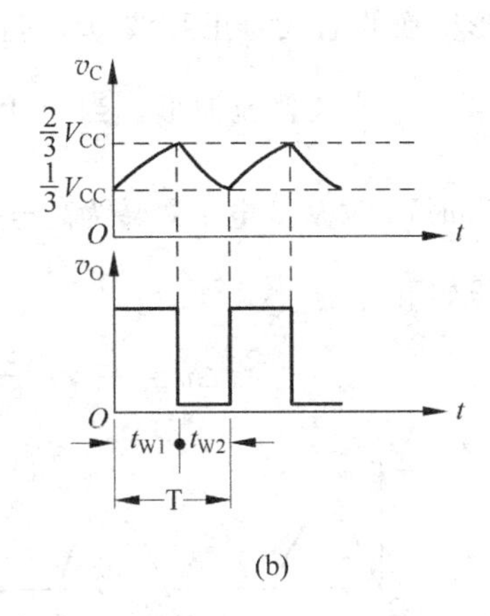

图 10.3　多谐振荡器

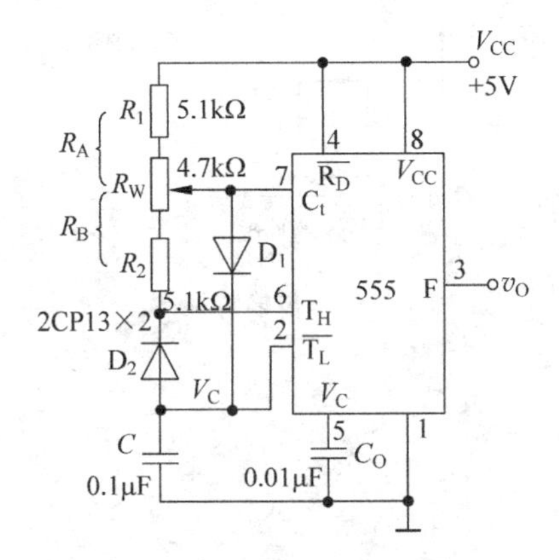

图 10.4　占空比可调的多谐振荡器

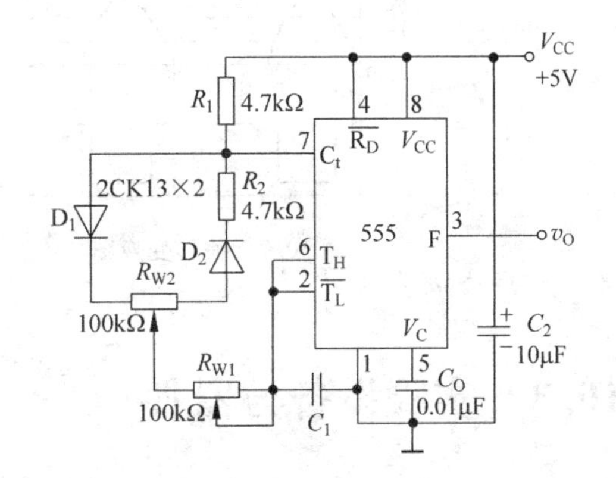

图 10.5　占空比与频率均可调的多谐振荡器

可见，若取 $R_A=R_B$，电路即可输出占空比为 50%的方波信号。

(4) 组成占空比连续可调并能调节振荡频率的多谐振荡器

电路如图 10.5 所示，对 C_1 充电时，充电电流通过 R_1、D_1、R_{W2} 和 R_{W1}；放电时通过 R_{W1}、R_{W2}、D_2、R_2。当 $R_1=R_2$、R_{W2} 调至中心点时，因充放电时间基本相等，其占空比约为 50%，此时调节 R_{W1} 仅改变频率，占空比不变。如 R_{W2} 调至偏离中心点，再调节 R_{W1}，不仅改变振荡频率，而且对占空比也有影响。R_{W1} 不变，调节 R_{W2}，仅改变占空比，对频率无影响。因此，当接通电源后，应首先调节 R_{W1} 使频率至规定值，再调节 R_{W2}，以获得需要的占空比。若频率调节的范围比较大，还可以用波段开关改变 C_1 的值。

(5) 组成施密特触发器

电路如图 10.6 所示，只要将脚 2、6 连在一起作为信号输入端，即得到施密特触发器。图 10.7 给出了 v_S、v_I 和 v_O 的波形图。

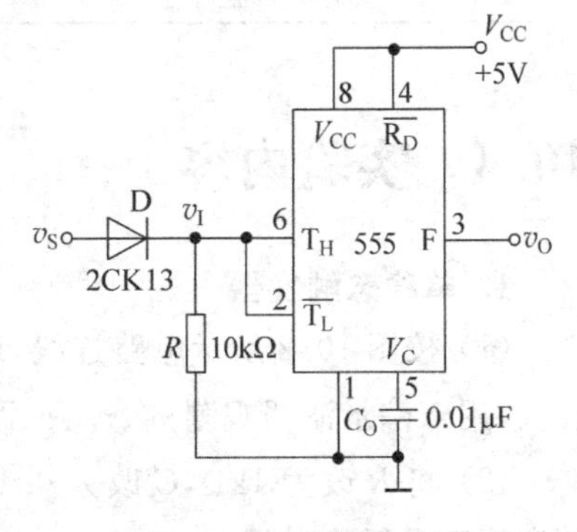

图 10.6　施密特触发器

设被整形变换的电压为正弦波 v_S，其正半波通过二极管 D 同时加到 555 定时器的 2 脚和 6 脚，得 v_I为半波整流波形。当 v_I上升到$\frac{2}{3}V_{CC}$时，v_O从高电平翻转为低电平；当 v_I下降到$\frac{1}{3}V_{CC}$时，v_O又从低电平翻转为高电平。电路的电压传输特性曲线如图 10.8 所示。

回差电压如下。

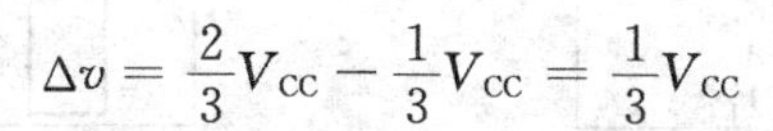

$$\Delta v = \frac{2}{3}V_{CC} - \frac{1}{3}V_{CC} = \frac{1}{3}V_{CC}$$

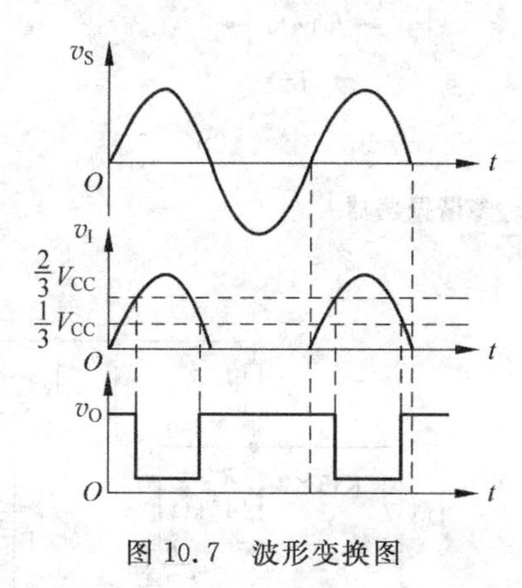

图 10.7 波形变换图

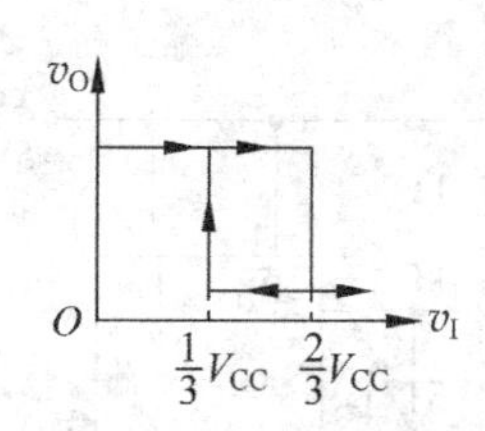

图 10.8 电压传输特性

10.3 实验设备与器件

实验 10 所需的设备与器件见表 10.1。

表 10.1 实验 10 所需的设备与器件

序号	名　称	型号与规格	数量	备注
1	数字电子技术实验箱	THD-7	1	
2	数字存储示波器	TDS1002B	1	
3	50000 计数万用表	ESCORT-3136A	1	
4	主要元器件	555、2CK13	2	

10.4 实验内容

1. 单稳态触发器

(1) 按图 10.2 所示电路连线，取 $R=100\text{k}\Omega$，$C=47\mu\text{F}$，输入信号 v_I由单次脉冲源提供，用双踪示波器观测 v_I、v_C、v_O波形，测定幅度与暂稳时间。

(2) 将 R 改为 $1\text{k}\Omega$，C 改为 $0.1\mu\text{F}$，输入端加 1kHz 的连续脉冲，观测 v_I、v_C、v_O波形，测定幅度及暂稳时间。

2. 多谐振荡器

(1) 按图10.3所示电路接线,用双踪示波器观测 v_C 与 v_O 的波形,测定频率。

(2) 按图10.4所示电路接线,组成占空比为50%的方波信号发生器。观测 v_C、v_O 波形,测定波形参数。

(3) 按图10.5所示电路接线,通过调节 R_{W1} 和 R_{W2} 来观测输出波形。

3. 施密特触发器

按图10.6所示电路接线,输入信号由音频信号源提供,预先调好 v_S 的频率为1kHz,接通电源,逐渐加大 v_S 的幅度,观测输出波形,测绘电压传输特性,算出回差电压 Δv。

4. 模拟声响电路

按图10.9所示电路接线,组成两个多谐振荡器,调节定时元件,使Ⅰ输出较低频率,Ⅱ输出较高频率,连好线,接通电源,试听音响效果。调换外接阻容元件,再试听音响效果。

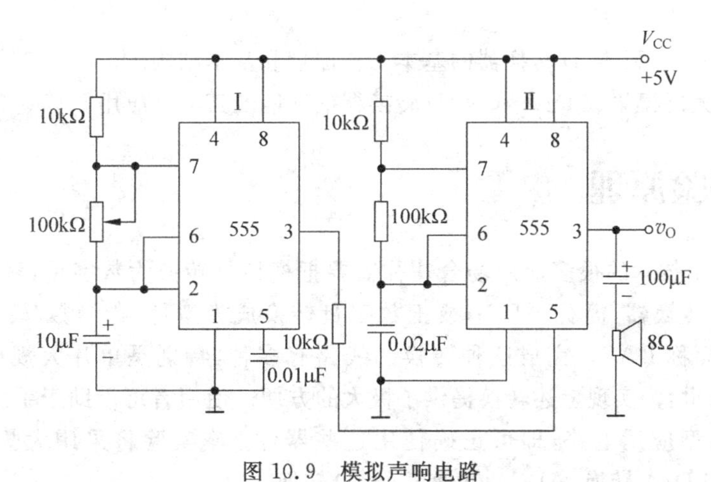

图10.9 模拟声响电路

10.5 预习内容

(1) 复习有关555定时器的工作原理及其应用。

(2) 拟定实验中所需的数据、表格等。

(3) 如何用示波器测定施密特触发器的电压传输特性曲线?

(4) 拟定各个实验的步骤和方法。

10.6 实验报告要求

(1) 绘出详细的实验线路图,定量绘出观测到的波形。

(2) 分析、总结实验结果。

实验 11

D/A、A/D 转换器

11.1 实验目的

(1) 了解 D/A 和 A/D 转换器的基本工作原理和基本结构。

(2) 掌握大规模集成 D/A 和 A/D 转换器的功能及其典型应用。

11.2 实验原理

在数字电子技术的很多应用场合往往需要把模拟量转换为数字量，称为模/数转换器，又称 A/D 转换器，简称 ADC；或把数字量转换成模拟量，称为数/模转换器，又称 D/A 转换器，简称 DAC。完成这种转换的线路有多种，特别是单片大规模集成 A/D、D/A 转换器问世，为实现上述转换提供了极大的方便。使用者可借助于手册提供的器件性能指标及典型应用电路，即可正确使用这些器件。本实验将采用大规模集成电路 DAC0832 实现 D/A 转换，ADC0809 实现 A/D 转换。

1. D/A 转换器 DAC0832

DAC0832 是采用 CMOS 工艺制成的单片电流输出型 8 位数/模转换器。图 11.1 所示是 DAC0832 的逻辑框图及引脚排列。

器件的核心部分采用倒 T 型电阻网络的 8 位 D/A 转换器，如图 11.2 所示。它是由倒 T 型 R-$2R$ 电阻网络、模拟开关、运算放大器和参考电压 V_{REF} 4 部分组成。

运放的输出电压为

$$V_o = \frac{V_{REF} \cdot R_f}{2^n R}(D_{n-1} \cdot 2^{n-1} + D_{n-2} \cdot 2^{n-2} + \cdots + D_0 \cdot 2^0)$$

由上式可见，输出电压 V_o 与输入的数字量成正比，这就实现了从数字量到模拟量的转换。

一个 8 位的 D/A 转换器，它有 8 个输入端，每个输入端是 8 位二进制数的一位，有一个模拟输出端，输入可有 $2^8 = 256$ 个不同的二进制组态，输出为 256 个电压之一，即输出电压不是整个电压范围内的任意值，而只能是 256 个可能值。

DAC0832 的引脚功能说明如下。

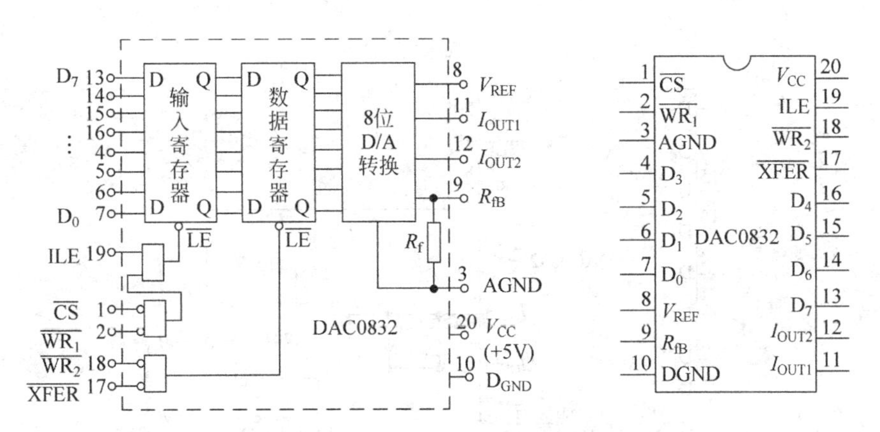

图 11.1　DAC0832 单片 D/A 转换器逻辑框图和引脚排列

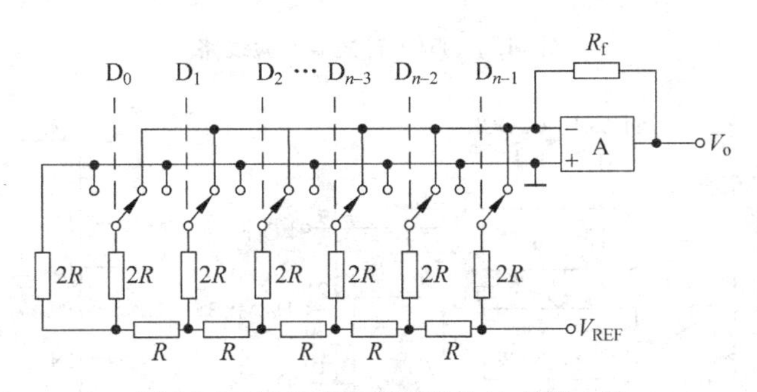

图 11.2　倒 T 型电阻网络 D/A 转换电路

$D_0 \sim D_7$：数字信号输入端。

ILE：输入寄存器允许，高电平有效。

$\overline{CS}$：片选信号，低电平有效。

$\overline{WR_1}$：写信号 1，低电平有效。

$\overline{XFER}$：传送控制信号，低电平有效。

$\overline{WR_2}$：写信号 2，低电平有效。

I_{OUT1}、I_{OUT2}：DAC 电流输出端。

R_{fB}：反馈电阻，是集成在片内的外接运放的反馈电阻。

V_{REF}：基准电压－10～＋10V。

V_{CC}：电源电压＋5～＋15V。

DAC0832 输出的是电流，要转换为电压，还必须经过一个外接的运算放大器，实验线路如图 11.3 所示。

2. A/D 转换器 ADC0809

ADC0809 是采用 CMOS 工艺制成的单片 8 位 8 通道逐次渐近型模/数转换器，其逻辑框图及引脚排列如图 11.4 所示。

器件的核心部分是 8 位 A/D 转换器，它由比较器、逐次渐近寄存器、A/D 转换器及控制和定时 5 部分组成。

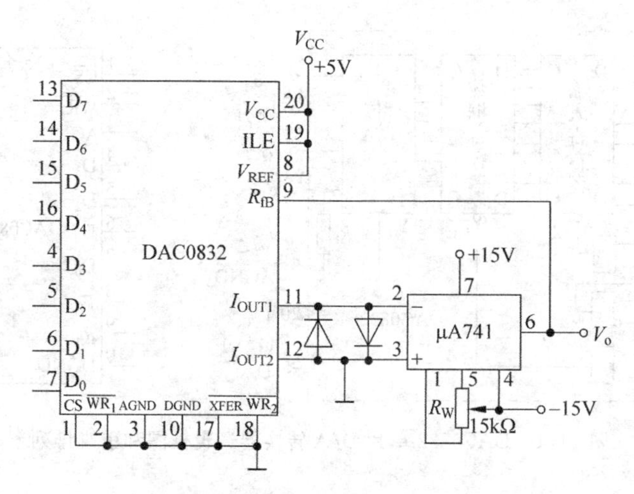

图 11.3 D/A 转换器实验线路

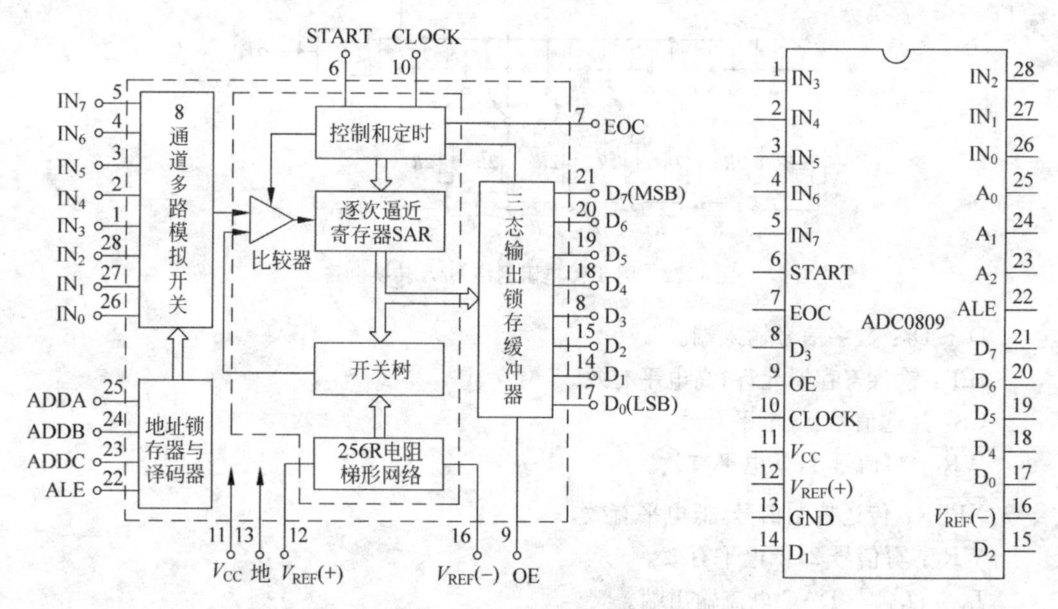

图 11.4 ADC0809 转换器逻辑框图及引脚排列

ADC0809 的引脚功能说明如下。

IN_0～IN_7：8 路模拟信号输入端。

A_2、A_1、A_0：地址输入端。

ALE：地址锁存允许输入信号，在此脚施加正脉冲，上升沿有效，此时锁存地址码，从而选通相应的模拟信号通道，以便进行 A/D 转换。

START：启动信号输入端，应在此脚施加正脉冲，当上升沿到达时，内部逐次逼近寄存器复位，在下降沿到达后，开始 A/D 转换过程。

EOC：转换结束输出信号（转换结束标志），高电平有效。

OE：输入允许信号，高电平有效。

CLOCK(CP)：时钟信号输入端，外接时钟频率一般为 640kHz。

V_{CC}：+5V 单电源供电。

$V_{REF}(+)$、$V_{REF}(-)$：基准电压的正极、负极。一般 $V_{REF}(+)$接+5V 电源，$V_{REF}(-)$接地。

$D_7 \sim D_0$：数字信号输出端。

(1) 模拟量输入通道选择。8 路模拟开关由 A_2、A_1、A_0三地址输入端选通 8 路模拟信号中的任何一路进行 A/D 转换，地址译码与模拟输入通道的选通关系如表 11.1 所示。

表 11.1　地址译码与模拟输入通道的选通关系

被选模拟通道		IN_0	IN_1	IN_2	IN_3	IN_4	IN_5	IN_6	IN_7
地址	A_2	0	0	0	0	1	1	1	1
	A_1	0	0	1	1	0	0	1	1
	A_0	0	1	0	1	0	1	0	1

(2) A/D 转换过程。在启动端(START)加启动脉冲(正脉冲)，A/D 转换即开始。如将启动端(START)与转换结束端(EOC)直接相连，转换将是连续的，在用这种转换方式时，开始应在外部加启动脉冲。

11.3　实验设备与器件

实验 11 所需的设备与器件见表 11.2。

表 11.2　实验 11 所需的设备与器件

序号	名　称	型号与规格	数量	备注
1	数字电子技术实验箱	THD-7	1	
2	数字存储示波器	TDS1002B	1	
3	50000 计数万用表	ESCORT-3136A	1	
4	主要元器件	DAC0832、ADC0809、μA741		

11.4　实验内容

1. D/A 转换器——DAC0832

(1) 按图 11.3 所示电路接线，电路接成直通方式，即$\overline{CS}$、$\overline{WR_1}$、$\overline{WR_2}$、$\overline{XFER}$接地；ALE、V_{CC}、V_{REF}接+5V 电源；运放电源接±15V；$D_0 \sim D_7$接逻辑开关的输出插口，输出端V_o接直流数字电压表。

(2) 调零，令 $D_0 \sim D_7$全置零，调节运放的电位器使 μA741 输出为零。

(3) 按表 11.3 所列的数据输入数字信号，用数字电压表测量运放的输出电压 V_o，将测量结果填入表 11.3 中，并与理论值进行比较。

表 11.3 数字输入数据与模拟输出

输入数字量								输出模拟量 V_O/V ($V_{CC}=+5V$)
D_7	D_6	D_5	D_4	D_3	D_2	D_1	D_0	
0	0	0	0	0	0	0	0	
0	0	0	0	0	0	0	1	
0	0	0	0	0	0	1	0	
0	0	0	0	0	1	0	0	
0	0	0	0	1	0	0	0	
0	0	0	1	0	0	0	0	
0	0	1	0	0	0	0	0	
0	1	0	0	0	0	0	0	
1	0	0	0	0	0	0	0	
1	1	1	1	1	1	1	1	

2. A/D 转换器——ADC0809

按图 11.5 所示的电路图接线。

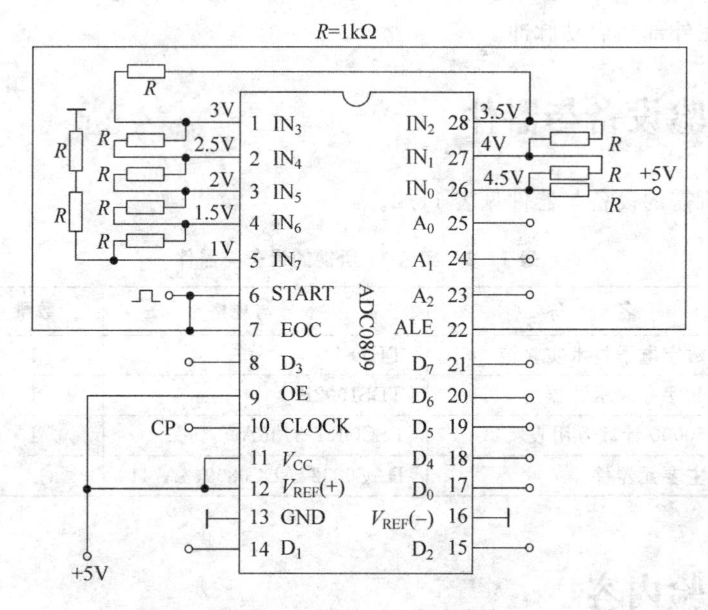

图 11.5 ADC0809 实验线路

(1) 8 路输入模拟信号为 1～4.5V，由＋5V 电源经电阻 R 分压组成；变换结果 D_0～D_7 接逻辑电平显示器输入插口，CP 时钟脉冲由计数脉冲源提供，取 $f=100\text{kHz}$；A_0～A_2 地址端接逻辑电平输出插口。

(2) 接通电源后，在启动端(START)加一正单次脉冲，下降沿一到即开始 A/D 转换。

(3) 按表 11.4 的要求观察，记录 IN_0～IN_7 8 路模拟信号的转换结果，将转换结果换算成十进制数表示的电压值，并与数字电压表实测的各路输入电压值进行比较，分析误差原因。

表 11.4　模拟输入数据与数字输出

被选模拟通道 IN	输入模拟量 v_I/V	地	址		输出数字量								
		A_2	A_1	A_0	D_7	D_6	D_5	D_4	D_3	D_2	D_1	D_0	十进制
IN_0	4.5	0	0	0									
IN_1	4.0	0	0	1									
IN_2	3.5	0	1	0									
IN_3	3.0	0	1	1									
IN_4	2.5	1	0	0									
IN_5	2.0	1	0	1									
IN_6	1.5	1	1	0									
IN_7	1.0	1	1	1									

11.5　预习内容

(1) 复习 A/D、D/A 转换的工作原理。

(2) 熟悉 ADC0809、DAC0832 各引脚功能及其使用方法。

(3) 绘好完整的实验线路和所需的实验记录表格。

(4) 拟定各个实验内容的具体实验方案。

11.6　实验报告要求

整理实验数据，分析实验结果。

实验 12

数字逻辑电路大型实验

12.1 实验目的

(1) 了解电子设计自动化(EDA)、复杂可编程逻辑器件(CPLD/FPGA)的发展。

(2) 掌握利用 Altera 公司的 Quartus Ⅱ 13.0 开发软件实现完整的 EDA 开发。

(3) 加强对数字逻辑电路理论内容的理解,培养学生的硬件设计能力和全局思维能力。

12.2 实验原理

1. EDA 技术概述

现代信息社会的发展离不开电子产品的进步。现代电子产品在性能提高、复杂度增大的同时,价格却一直呈下降趋势,而且产品更新换代的步伐越来越快。实现这种进步的主要原因就是生产制造技术和电子设计技术的不断发展。前者以微细加工技术为代表,目前已进入超深亚微米(VDSM)甚至几十纳米阶段,可以在单位面积(cm^2)的芯片上集成数亿(Giga 量级)个晶体管;后者的核心是 EDA 技术,EDA 是指以计算机为工作平台,融合了应用电子技术、计算机技术、智能化技术最新成果而研制成的电子 CAD 通用软件包。EDA 主要能辅助进行三方面的设计工作:IC 设计、电子电路设计以及 PCB 设计。没有 EDA 技术的支持,想要完成甚大规模集成电路(ULSI)的设计制造是不可想象的。反过来,生产制造技术的不断进步又必将对 EDA 技术提出新的要求。

(1) EDA 技术及其发展

① EDA 技术的发展及应用

EDA 技术是在电子 CAD 技术基础上发展起来的计算机软件系统,是指以计算机为工作平台,融合应用电子技术、计算机技术、信息处理及智能化技术的最新成果,进行电子产品的自动设计。利用 EDA 工具,电子设计师可以从概念、算法、协议等开始设计电子系统,其中大量工作可以通过计算机完成,并可以将电子产品从电路设计、性能分析到设计出 IC 版图或 PCB 版图的整个过程在计算机上自动处理完成。

回顾近几十年电子设计技术的发展历程，可将 EDA 技术分为三个阶段。

CAD 阶段（计算机辅助设计）：20 世纪 70 年代人们开始用计算机辅助进行 IC 版图编辑和 PCB 布局布线，取代了手工操作，产生了计算机辅助设计的概念。

CAE 阶段（计算机辅助工程）：CAE 阶段除了纯粹的图形绘制功能外，又增加了电路功能设计和结构设计，并通过电气连接网表将两者结合在一起，以实现工程设计。

EDA 阶段（电子设计自动化）：CAD/CAE 技术并没有把人从繁重的设计工作中彻底解放出来，在整个设计过程中自动化和智能化程度不高。各种 EDA 软件界面千差万别，互不兼容，直接影响到设计环节间的衔接。因此人们开始追求贯彻整个设计过程的自动化，即电子设计自动化。

目前 EDA 技术已在各大公司、企事业单位和科研教学部门广泛使用。大多理工科类高校都开设了 EDA 课程，目的是让学生了解 EDA 的基本概念和基本原理，掌握用 HDL 语言，逻辑综合的理论和算法，使用 EDA 工具进行电子电路课程的实验并从事典型系统的设计，为今后工作打下基础；科研方面主要利用电路仿真工具（EWB 或 PSPICE）进行电路设计与仿真，利用虚拟仪器进行产品测试，将 CPLD/FPGA 器件实际应用到仪器设备中，从事 PCB 设计和 ASIC 设计等；在产品设计与制造方面，包括前期的计算机仿真、产品开发中的 EDA 工具应用、系统级模拟及测试环境的仿真、生产流水线的 EDA 技术应用、产品测试等各个环节。从应用领域来看，EDA 技术已经渗透到各行各业，包括机械、电子、通信、航空航天、化工、矿产、生物、医学、军事等。另外，EDA 软件的功能日益强大，原来功能比较单一的软件，现在增加了很多新用途。

② ESDA 技术的典型概念

电子系统设计自动化（ESDA）代表了当今电子设计技术的最新发展方向，其基本特征是：设计人员按照“自顶向下”（Top-down）的设计方法，对整个系统进行方案设计和功能划分，系统的关键电路用一片或几片专用集成电路（ASIC）实现，然后采用硬件描述语言（Hardware Description Language，HDL）完成系统行为级设计，并通过综合器和适配器生成最终的目标器件。这样的设计方法被称为高层次的电子设计方法。下面介绍与 ESDA 基本特征有关的几个概念。

a. 传统电子设计的基本思路是选择标准集成电路“自底向上”（Bottom-up）地构造出新的系统，如同一砖一瓦地建造金字塔，效率低、成本高且容易出错。高层次设计提供了一种全新的 Top-down 设计方法：首先从系统设计入手，在顶层进行功能框图的划分和结构设计；在框图级进行仿真与纠错，并用硬件描述语言对高层次的系统行为进行描述，在系统级进行验证；然后用综合优化工具生成具体门电路的网表，其对应的物理实现级可以是印制电路板或专用集成电路。由于设计的主要仿真和调试过程是在高层次完成的，因此有利于在设计早期发现结构上的错误，而且也减少了逻辑功能仿真的工作量，提高设计的一次成功率。

b. 现代电子产品的复杂度日益加深，必然带来体积大、功耗大、可靠性差的问题。解决这些问题的有效方法是采用 ASIC（Application Specific Integrated Circuits，专用集成电路）芯片进行设计。ASIC 按照设计方法的不同可分为全定制 ASIC、半定制 ASIC 和可编程 ASIC（也称为可编程逻辑器件）。设计全定制 ASIC 芯片时，设计师要定义芯片上所有晶体管的几何图形和工艺规则，最后将设计结果交由IC厂家掩膜制造完成。其优点是：芯片可以获得最优的性能，即面积利用率高、速度快、功耗低。其缺点是：开发周期长，费用高，只适合大批量产品开发。半定制ASIC芯片的版图设计方法有所不同，分为门阵列设计法和标准单元设计法，这两种方法都是约束性的设计方法，目的是简化设计，以牺牲芯片性能为代价来缩短开发时间。

c. 可编程逻辑芯片与上述掩膜ASIC的不同之处在于：设计人员完成版图设计后，在实验室内就可以烧制出自己的芯片，无须IC厂家的参与，大大缩短了开发周期。可编程逻辑器件自20世纪70年代以来，经历了PAL、GAL、CPLD、FPGA几个发展阶段。其中CPLD/FPGA属高密度可编程逻辑器件，它将掩膜ASIC集成度高的优点和可编程逻辑器件设计生产方便的特点结合在一起，特别适合于样品研制或小批量产品开发，使产品能以最快的速度上市，当市场成熟时转化为掩膜ASIC实现，从而降低开发风险。

d. 硬件描述语言是一种用形式化方法描述数字电路和系统的语言，它用软件编程的方式来描述电子系统的逻辑功能、电路结构和连接形式。与传统的门级描述方式相比，HDL更适合大规模系统的设计。例如一个32位的加法器，利用图形输入软件需要输入500～1000个门，而利用VHDL语言只需要书写一行“A＜＝B＋C”即可。VHDL语言可读性强，易于修改和发现错误。

早期的HDL由不同的EDA厂商开发，如ABEL-HDL、AHDL，它们之间互不兼容，且不支持多层次设计，层次间转换需要人工完成。发展至今，国际标准化的HDL覆盖了以往各种HDL的功能，并已成功地应用于“自顶向下”或“自底向上”设计的各个层次和阶段。目前常用的硬件描述语言是VHDL和Verilog HDL。

e. EDA系统框架结构(Framework)是一套配置和使用EDA软件包的规范。目前主要的EDA系统都建立了框架结构，如Cadence公司的Design Framework、Mentor公司的Falcon Framework等。这些框架结构都遵守国际CFI组织(CAD Framework Initiative)制定的统一技术标准。Framework能将来自不同EDA厂商的工具软件进行优化组合，集成在一个易于管理的统一的环境之下，支持任务之间、设计师之间在整个产品开发过程中实现信息的传输与共享，这是并行工程和Top-down设计方法的实现基础。

f. SoC(System on-a-Chip)称为片上系统，属于专用集成电路系统，它将一个完整系统的功能集成在一个芯片或芯片组上。SoC中可以包括CPU、DSP、存储器(RAM/ROM/FLASH)、总线和总线控制器、外部设备接口等，还可以包括数模混合电路(放大器、比较器、ADC和DAC、锁相环等)，甚至可以包括传感器、微机电单元等。

SoC设计周期长、成本高，这种技术难以被中小企业、研究所和高等院校采用。为推广SoC设计技术，可编程片上系统(System on-a-Programmable-Chip，SoPC)成为最佳方案。SoPC是基于FPGA/CPLD器件的可重构的SoC，集成了硬核或软核CPU、DSP、PLL、存储器、I/O接口及可编程逻辑，可灵活高效地解决SoC设计方案中的问题，而且设计周期短、成本低，因此倍受国内外研究机构和高校的青睐。

g. IP(Intellectual Property)是知识产权的简称。集成电路IP是指经过预先设计和验证，符合业界认同的设计规范和标准，具有相对独立性并可重复利用的电路模块或子系统，例如CPU、存储器、运算器等。集成电路IP技术含量高、面积小、功耗低，一般在支持

SoPC 设计的 EDA 工具中都包含 IP 资源库，实际上基于 SoPC 的设计在很大程度上依赖于集成电路 IP。

(2) 主流 PLD 制造厂家和 EDA 工具

① IC 设计软件

IC 设计工具很多，其中按市场所占份额排行为 Cadence、Synopsys、Mentor Graphics 和 Avanti 等。下面按用途对 IC 设计软件作一些介绍。

常见的设计输入工具有 Cadence 的 composer、Viewlogic 的 viewdraw 等。大部分设计输入工具都支持 HDL。

几乎所有 EDA 公司的产品都有仿真工具，现在的趋势是逐渐用 HDL 仿真器作为电路验证的工具。Cadence 的 Verilog—XL(Verilog)、Mentor Graphics 的 Modelsim(VHDL、Verilog)、Synopsys 的 VSS(VHDL)都是常用的仿真工具。Viewlogic 的仿真器则包括：门级电路仿真器 Viewsim、VHDL 仿真器 Speedwave 及 Verilog 仿真器 VCS 等。

综合工具可把 HDL 变成门级网表。Synopsys 的 DC(Design Compile)作为综合的工业标准，占有较大优势。另外，Synopsys 的 Behavior Compiler 可以提供更高级的综合。随着 FPGA 设计的规模越来越大，各 EDA 公司又开发了用于 FPGA 设计的综合软件，比较有名的有 Synopsys 的 FPGA Express、Cadence 的 Synplity、Mentor 的 Leonardo，这三家的 FPGA 综合软件占据了市场的绝大部分份额。

在 IC 设计的布局布线工具方面 Cadence 软件较强。Cadence 有很多软件产品，其主要工具有：Silicon Ensemble——标准单元布线器；Gate Ensemble——门阵列布线器；Design Planner——布局工具。

物理验证工具包括版图设计工具、版图验证工具、版图提取工具等。这方面 Cadence 的 Dracula、Virtuso、Vampire 等物理工具具有明显优势。

模拟电路的仿真工具普遍使用 SPICE，像 Microsim 的 PSPICE、Avanti(Meta Soft)的 HSPICE 等。HSPICE 的模型最多，仿真的精度也最高。

② 主流 PLD 制造厂家

PLD 的开发工具一般由器件生产厂家提供，但随着器件规模的不断增加，软件的复杂性也随之提高，目前由专门的软件公司与器件生产厂家合作，推出功能强大的设计软件。下面介绍主要器件生产厂家和开发工具。

Altera 的主要产品有 MAX3000/7000、FELX6K/10K、APEX20K、ACEX1K、Stratix、Stratix Ⅱ、Cyclone、Cyclone Ⅱ等，其开发工具有 Maxplus Ⅱ、Quartus Ⅱ等。Altera 公司提供较多形式的设计输入手段，绑定第三方 VHDL 综合工具，如综合软件 FPGA Express、Leonard Spectrum，仿真软件 ModelSim 等。

Xilinx 是 FPGA 的发明者，其产品有 XC9500/4000、Coolrunner(XPLA3)、Spartan、Vertex 等系列，其中 Vertex-Ⅱ Pro 器件已达到 800 万门。Xilinx 的开发软件为 Foundation 和 ISE。通常来说，在欧洲使用 Xilinx 的人较多，在日本和亚太地区使用 Altera 的人较多，在美国则是平分秋色。

Vantis Lattice 是 ISP(In-System Programmability)技术的发明者，与 Altera 和

Xilinx 相比，其开发工具略逊一筹。中小规模 PLD 比较有特色，大规模 PLD 的竞争力还不够强。1999 年收购 Vantis（原 AMD 子公司），成为第三大可编程逻辑器件供应商。2001 年 12 月收购 Agere 公司（原 Lucent 微电子部）的 FPGA 部门。主要产品有 ispLSI2000/5000/8000 系列、MACH4/5 系列等。

ACTEL 是反熔丝（一次性烧写）PLD 的领导者，由于反熔丝 PLD 抗辐射、耐高低温、功耗低、速度快，所以在军品和宇航级上有较大优势。Altera 和 Xilinx 则一般不涉足军品和宇航级市场。

ATMEL 有一些与 Altera 和 Xilinx 兼容的产品，但在品质上有差距，在高可靠性产品中使用较少，多用在低端产品上。

2. 硬件描述语言 VHDL

(1) VHDL 概述

① VHDL 的发展与特点

硬件描述语言是一种用形式化方法描述数字电路和系统的语言。硬件描述语言 HDL 的发展已有几十年的历史，并成功地应用于设计的各个阶段：建模、仿真、验证和综合等。到 20 世纪 80 年代，已出现了上百种硬件描述语言，对设计自动化曾起到了极大的促进和推动作用。目前，常用的硬件描述语言有 VHDL、Verilog HDL。本节内容主要介绍 VHDL。

VHDL(Very-High-Speed Integrated Circuit Hardwave Description Language)即超高速集成电路硬件描述语言，于 1982 年诞生于美国国防部赞助的 VHSIC 项目，1987 年被 IEEE 采纳，公布了 VHDL 的标准版本(IEEE 1076)，成为工业标准硬件描述语言。1993 年，IEEE 对 VHDL 进行了修订，公布了 VHDL 新版本(IEEE 1164)。

VHDL 主要有三大用途：一是用于建立描述数字系统的标准文档；二是用于数字系统的仿真；近几年来，VHDL 又增加了一个功能就是逻辑综合(Synthesis)。所谓综合，就是利用 EDA 工具把 VHDL 程序转变成相应的逻辑电路（门级网表）。在这里，学习 VHDL 的主要目的就是用于逻辑综合。

与其他硬件描述语言相比，VHDL 具有以下特点。

a. 设计技术齐全、方法灵活、支持广泛。VHDL 可以支持自顶向下和基于库的设计方法，而且支持同步电路、异步电路以及其他随机电路的设计。目前大多数 EDA 工具都在不同程度上支持 VHDL 语言。

b. 系统硬件描述能力强。VHDL 具有多层次描述系统硬件功能的能力，从系统的数学模型直至门级电路。同时，高层次的行为描述可以与低层次的 RTL 描述和结构描述混合使用。

c. VHDL 具有与器件无关的特性。在用 VHDL 设计系统硬件时，没有嵌入与器件有关的信息，因此其可移植性好，对于不同的平台可采用相同的描述。

d. VHDL 使设计易于共享和复用。VHDL 语句的行为描述能力和程序结构决定了它具有支持大规模设计的分解和已有设计的再利用功能。

② 一个简单的 VHDL 程序

为了使读者对 VHDL 语言有一个初步的了解，先介绍一个简单而完整的 VHDL

实例。

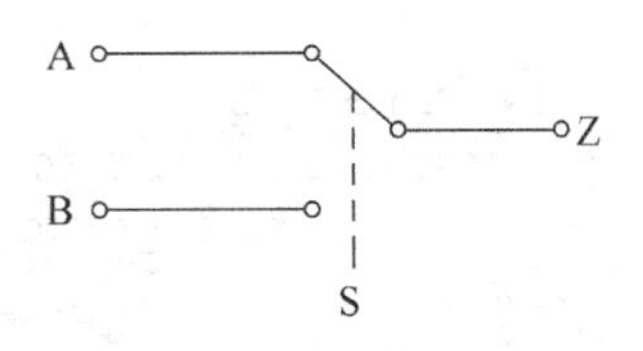

图 12.1　2 选 1 数据选择器的电路模型

设数据选择器的电路模型如图 12.1 所示。A、B 为输入信号，S 为选择信号，Z 为输出信号。当 S=0 时，Z=A；当 S=1 时，Z=B。其 VHDL 源程序如下。

```
LIBRARY IEEE;
USE IEEE.STD_LOGIC_1164.ALL;              ——库说明

ENTITY mux21 IS                           ——实体说明
  PORT (A,B,S: IN STD_LOGIC;              ——A、B、S 为输入信号
        Z: OUT STD_LOGIC );               ——Z 为输出信号
END mux21;

ARCHITECTURE one OF mux21 IS              ——结构体说明
BEGIN
  Z<= A WHEN S = '0'ELSE B;
END;
```

从 2 选 1 数据选择器的 VHDL 程序看到，一个完整的 VHDL 程序一般由库、实体和结构体三部分构成。实体只定义所设计模块的输入输出信号，不涉及内部的逻辑功能如何实现，而结构体则描述设计模块的逻辑功能。VHDL 程序把一个设计分成实体和结构体两部分，如果设计者想改变模块的逻辑功能，只需改变结构体的描述即可。

③ VHDL 结构体的三种描述方法

VHDL 结构体用于具体描述设计的逻辑功能。对于相同的逻辑功能，可以采用不同的语句表达方式。在 VHDL 中，通常有三种不同风格的描述方法：行为描述方法、结构描述方法和数据流描述方法。

行为描述方法只描述电路的行为和功能，而不说明电路如何实现，如上述 2 选 1 数据选择器的 VHDL 源程序，其结构体就采用了行为描述方法。VHDL 具有极强的行为描述能力，通过 EDA 工具进行逻辑综合和优化，就可得到相应的门级网表。可以用一句通俗的话来形容 VHDL 的行为描述能力："告诉我你想要电路做什么，我给你提供能实现这个功能的硬件电路。"

从实体的硬件结构方面描述逻辑功能，包含元件的说明和元件之间的互连说明。元件的互连通过端口界面的定义来实现，采用的基本语句是元件例化语句或生成语句。结构描述法要求设计者具有较好的硬件基础。

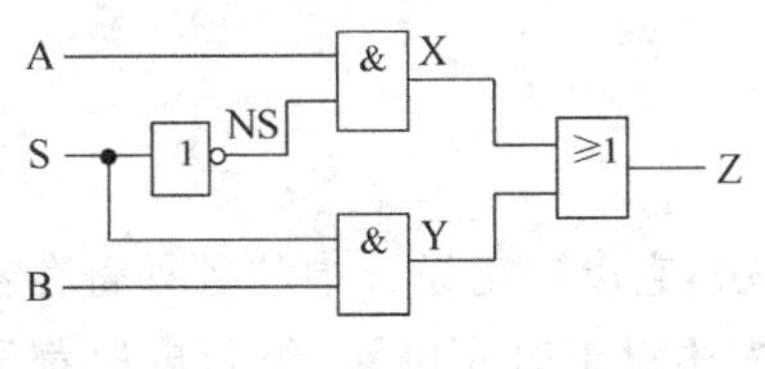

图 12.2　例 12.1 逻辑图

【例 12.1】 试用 VHDL 语言的结构描述法描述如图 12.2 所示的 2 选 1 数据选择器。

解：采用结构描述法的 VHDL 程序如下。

```
LIBRARY IEEE;
USE IEEE.STD_LOGIC_1164.ALL;
```

```
ENTITY mux21 IS
  PORT (A,B,S: IN STD_LOGIC;
        Z: OUT STD_LOGIC );
END mux21;

ARCHITECTURE one OF mux21 IS
  COMPONENT and1 PORT(a1,b1: IN STD_LOGIC;    ——元件定义语句
                      f1: OUT STD_LOGIC);
  END COMPONENT;
  COMPONENT or1 PORT (a2,b2: IN STD_LOGIC;
                      f2: OUT STD_LOGIC);
  END COMPONENT;
  COMPONENT not1 PORT (a3: IN STD_LOGIC;
                      f3: OUT STD_LOGIC);
  END COMPONENT;

SIGNAL x,y,ns: STD_LOGIC;
BEGIN
      u1: not1 PORT MAP (s,ns);               ——元件例化语句
      u2: and1 PORT MAP (a,ns,x);
      u3: and1 PORT MAP (b,s,y);
      u4: or1 PORT MAP (x,y,z);
END;
```

该 VHDL 程序的特点是与图 12.2 所示逻辑图的结构完全对应。程序中要用到二输入与门 and1、二输入或门 or1 和非门 not1，必须预先设计好，通过编译后放入用户工作库。例如，二输入与门 and1 的 VHDL 程序如下。

```
LIBRARY IEEE;
USE IEEE.STD_LOGIC_1164.ALL;

ENTITY and1 IS
PORT( a1,b1: IN STD_LOGIC;
      f1: OUT STD_LOGIC );
END and1;

ARCHITECTURE one OF and1 IS
BEGIN
  f1 <= a1 AND b1;
END;
```

数据流程描述法也叫 RTL(寄存器转换层次)描述法，它以规定设计中的各种寄存器形式为特征，然后在寄存器之间插入组合逻辑。这种描述对于时序电路、组合电路都适用，多采用并行语句。

(2) VHDL 的语言要素

VHDL 的语言要素作为硬件描述语言的基本结构元素，主要有标识符、数据对象(Data Object，简称为 Object)、数据类型(Data Type，简称为 Type)和运算操作符

(Operator)等。

① 标识符

标识符规则是VHDL语言中符号书写的一般规则。标识符用来定义常数、变量、信号、端口、子程序或参数的名字。

VHDL标识符的命名规则有以下两点。

a. 有效字符是26个英文字母(不区分大小写)、10个数字符号0～9、下画线"_"(下画线"_"不能用于标识符的开头或结尾)。

b. 每个标识符必须以英文字母开头,字符串中不能有空格。

② 数据对象

在VHDL语言中,凡是可以赋予一个值的客体叫对象,包括常量、变量与信号。

a. 常量(CONSTANT)是指在设计中不会变的值。常量的设置主要是为了使程序更容易阅读和修改。常量必须在程序包、实体、构造体或进程的说明区域加以说明。常量一般要赋一初始值,且只能被赋值一次。

常量定义的一般表述如下。

```
CONSTANT 常量名 : 数据类型 := 表达式;
```

例如:

```
CONSTANT WIDTH: INTEGER := 8;
```

b. 变量(VARIABLE)是一个局部量,只能在进程和子程序中使用。变量的主要作用是在进程中作为临时的数据存储单元。变量的赋值是立即发生的,不存在任何延时。

变量定义的一般表述如下。

```
VARIABLE 变量名 : 数据类型 := 初始值;
```

例如:

```
VARIABLE temp: BIT;
```

与常量不同,变量可以多次赋值。变量赋值的一般表述如下。

```
目标变量名 := 表达式;
```

变量的赋值语句有以下几种类型。

整体赋值:

```
temp := "01011100";
temp := X"5C";
```

逐位赋值:

```
temp(6) := '1';
```

多位赋值:

```
temp (6 DOWNTO 3) := "1011";
```

c. 信号(SIGNAL)是描述硬件系统的基本数据对象，与硬件中的“连线”相对应。一般而言，信号是全局量，使用范围是实体、结构体和程序包。

信号定义的一般表述如下。

```
SIGNAL 信号名 : 数据类型 := 初始值;
```

与变量一样，信号可以多次赋值，信号赋值的一般表述如下。

```
目标信号名 <= 表达式;
```

信号的赋值必须经过一段时间的延时后才能成为当前值。

信号的作用主要有两个：一是在进程间传递信息，完成进程间通信；二是在结构设计中用来连接元件，实现元件间的通信。下面通过例子来说明。

【例 12.2】 用 VHDL 描述如图 12.3 所示的异步时序电路。

解：一般来说，一个进程中只允许描述对应于一个时钟信号的同步时序逻辑电路。因此，该异步时序逻辑电路可以由两个进程来实现，进程之间通过信号进行通信。其示意图如图 12.4 所示。

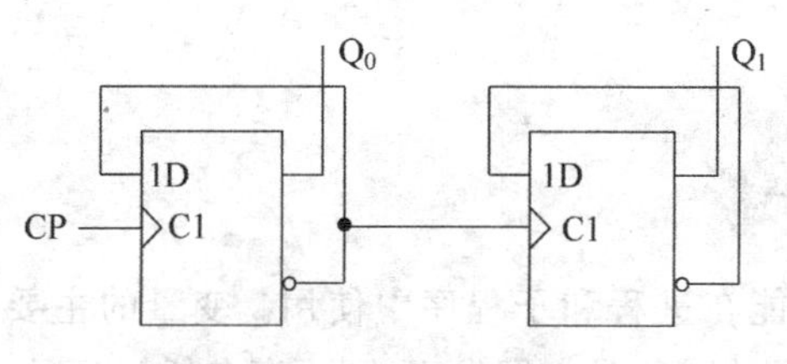

图 12.3 例 12.2 逻辑图

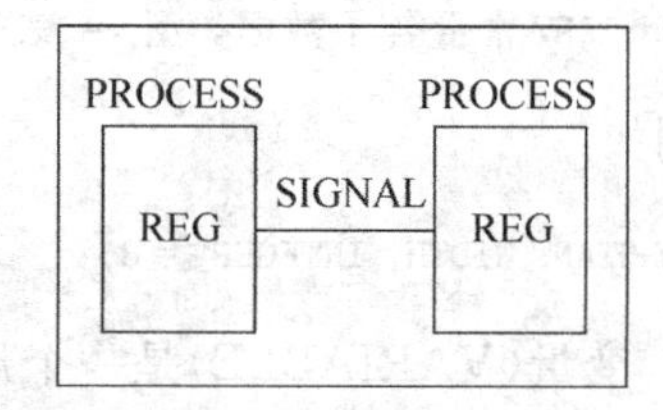

图 12.4 通过信号完成进程之间的通信

其 VHDL 程序如下。

```
LIBRARY IEEE;
USE IEEE.STD_LOGIC_1164.ALL;
USE IEEE.STD_LOGIC_unsigned.ALL;

ENTITY cnt4 IS
PORT(
        clk: IN STD_LOGIC;
        qq: OUT STD_LOGIC_VECTOR(1 DOWNTO 0)
    );
END cnt4;

ARCHITECTURE one OF cnt4 IS
SIGNAL Q0,Q1: STD_LOGIC;
BEGIN
   PROCESS(clk)
   BEGIN
      IF (clk'EVENT AND clk = '1') THEN
            Q0 < = NOT Q0;
      END IF;
   END PROCESS;
```

```
    PROCESS(Q0)
    BEGIN
        IF (Q0'EVENT AND Q0 = '0') THEN
            Q1 <= NOT Q1;
        END IF;
        qq(0)<= Q0;
        qq(1)<= Q1;
    END PROCESS;
END;
```

③ 数据类型

上述数据对象定义中都必须说明其数据类型。VHDL 中数据类型繁多,下面介绍几种常用的类型。

a. 整数(integer)数据类型的数代表正整数、负数和零,范围为 −214783647～214783647(2^{32})。在使用整数时,VHDL 综合器要求 RANGE 子句为所定义的数限定范围,然后根据所限定的范围来决定表示此信号或变量的二进制数的位数。

例如,信号定义语句"SIGNAL NUM : INTEGER RANGE 0 TO 15;"规定整数 NUM 的取值范围是 0～15,共 16 个值,可用 4 位二进制数来表示,因此,NUM 将被综合成由 4 条信号线构成的信号。

整数常用作循环的指针或常数。

b. 布尔(BOOLEAN)数据类型为二值枚举型数据类型,可取值 TRUE 或 FALSE。

c. 位(BIT)数据类型也为二值枚举型数据类型,可取值 1 或 0。在 VHDL 中,逻辑 0 和 1 表达必须加单引号,否则 VHDL 综合器将 0 和 1 解释为整数数据类型 INTEGER。

d. 位矢量(BIT_VECTOR)数据类型是基于位数据类型的数组。例如:

```
SIGNAL dd: BIT_VECTOR(7 to 0);
```

信号 dd 被定义为一个 8 位位宽的矢量,其最左位为 dd(7),最右位为 dd(0)。

e. 枚举类型是用户定义的数据类型,它用文字符号来表示一组实际的二进制数类型。如在状态机设计中,为了便于阅读和编译,通常将二进制数表示的状态用文字符号代替。

```
TYPE  FSMST  IS  (S0,S1,S2,S3);
SIGNAL  present_state,next_state: FSMST;
```

综合器在编码过程中自动将枚举元素转换成位矢量,位矢量的长度取决于枚举元素的数量。如上述语句中有 4 个枚举元素,位矢量的长度应为 2,每个枚举元素默认的编码如下。

```
S0 = "00"; S1 = "01"; S2 = "10",S3 = "11"
```

f. 标准逻辑位(STD_LOGIC)数据类型是 IEEE 1164 中定义的一种工业标准的逻辑类型,它包含以下 9 种取值。

'U'　　未初始化　　用于仿真

'X'　　强未知　　用于仿真
'0'　　强 0　　用于综合与仿真
'1'　　强 1　　用于综合与仿真
'Z'　　高阻　　用于综合与仿真
'W'　　弱未知　　用于仿真
'L'　　弱 0　　用于综合与仿真
'H'　　弱 1　　用于综合与仿真
'_'　　忽略　　用于综合与仿真

STD_LOGIC 数据类型增加了 VHDL 编程、综合和仿真的灵活性，在多值逻辑系统中用于取代 BIT 数据类型。若电路中有三态逻辑(Z)，必须采用 STD_LOGIC 数据类型。在程序中使用 STD_LOGIC 数据类型前，必须在程序中申明库和程序包说明语句。

```
LIBRARY IEEE;
USE IEEE.STD_LOGIC_1164.ALL;
```

g. 标准逻辑矢量(STD_LOGIC_VECTOR)数据类型是 STD_LOGIC 数据类型的组合。

④ 运算操作符

VHDL 语言中的运算符有 5 种类型。

a. 逻辑(Logical)运算符：AND(与)、OR(或)、NAND(与非)、NOR(或非)、XOR(异或)、XNOR(同或)、NOT(非)等。

b. 关系(Relational)运算符：＝(等于)、/＝(不等于)、＞(大于)、＜(小于)、＞＝(大于或等于)、＜＝(小于或等于)，其中"＜＝"操作符也用于表示赋值操作，要根据上下文判断。

c. 算术(Arithmetic)运算符：＋(加)、－(减)、*(乘)、/(除)、MOD(取模)、REM(取余)、ABS(取绝对值)、**(乘方)。

d. 移位(Shift)运算符：SLL(逻辑左移)、SRL(逻辑右移)、SLA(算术左移)、SRA(算术右移)、ROL(逻辑循环左移)、ROR(逻辑循环右移)。

e. 并置(Concatenation)运算符：在 VHDL 程序中，并置运算符 & 用于位的连接。例如，将 4 个位用并置运算符 & 连接起来就可以构成一个具有 4 位长度的位矢量。

各种运算操作符在使用中应注意以下两点。

a. 要清楚操作符之间的优先级别。各操作符之间的优先级别如表 12.1 所示。

表 12.1 VHDL 操作符优先级

<table>
<tr><th>运算符</th><th>优先级</th></tr>
<tr><td>NOT,ABS,**</td><td rowspan="7">最高优先级
⇑
最低优先级</td></tr>
<tr><td>*,/,MOD,REM</td></tr>
<tr><td>＋(正号),－(负号)</td></tr>
<tr><td>＋,－,&</td></tr>
<tr><td>SLL,SLA,SRL,SRA,ROL,ROR</td></tr>
<tr><td>＝,/＝,＜,＞,＜＝,＞＝</td></tr>
<tr><td>AND,OR,NAND,NOR,XOR,XNOR</td></tr>
</table>

b. 运算重载。若两信号数据类型不同,不能将一个信号的值赋给另一信号。数据类型转换必须要用运算重载。一般可用 IEEE 1164 中的标准重载函数实现。

```
LIBRARY IEEE;
USE IEEE_STD_LOGIC_1164.ALL;
USE IEEE_STD_LOGIC_ARITH.ALL;
USE IEEE_STD_LOGIC_UNSIGNED.ALL;
USE IEEE_STD_LOGIC_SIGNED.ALL;
```

(3) VHDL 程序的基本结构

VHDL 的设计描述包括库(LIBRARY)、实体(ENTITY)和结构体(ARCHITECTURE)。

① 对库的介绍

库(LIBRARY)已存储和放置了可被其他 VHDL 程序调用的数据定义、器件说明、程序包(Package)等资源。库的种类有多种,但最常见的库有 IEEE 标准库、WORK 库。IEEE 标准库主要包括 STD_LOGIC_1164、NUMERIC_BIT 和 NUMERIC_STD,其中 STD_LOGIC_1164 是最重要和最常用的程序包,大部分关于数字系统设计的程序包都是以此程序包设定的标准为基础的。每个 VHDL 程序的开头一般都要有如下的 IEEE 库使用说明:

```
LIBRARY IEEE;
USE IEEE.STD_LOGIC_1164.ALL;
```

这是因为下面将要介绍的实体说明中要描述器件的输入、输出端口的数据类型,而这些数据类型在 IEEE.STD_LOGIC_1164.ALL 程序包中已被定义,无须设计者在程序中再定义。

WORK 库用于存放用户设计和定义的一些设计单元和程序包,是用户的 VHDL 设计的现行工作库。设计者正在进行的设计不需要任何说明,经编译后都会自动存放到 WORK 库中。必须注意的是,在计算机上采用 VHDL 进行项目设计时,必须为该项目建立一个子目录,用于保存所有此项目的设计文件,VHDL 综合器将此目录默认为 WORK 库。WORK 库不必在 VHDL 程序中预先说明。

② 对实体的介绍

实体(ENTITY)有点类似于原理图中的一个器件符号(Symbol),用来描述该器件的输入、输出端口特征,但并不涉及器件的具体逻辑功能和内部电路结构。其格式如下。

```
ENTITY  实体名  IS
    [GENERIC(类属表);]
[PORT(端口说明);]
END  实体名
```

实体名是由设计者自定的,由于实体名实际上表达的是该设计电路的器件名,所以命名时最好能体现相应电路的功能。

类属参量是一种端口界面常数,用来规定端口的大小、实体中子元件的数目等。它与常数不同,常数只能从内部赋值,而类属参量可以由实体外部赋值。其数据类型通常取 Integer 或 Time,综合器仅支持数据类型为整数的类属值。

端口说明语句用于定义器件每一个引脚的输入、输出模式和数据类型。其格式如下。

```
PORT(端口名    模式    数据类型;
                 …
端口名    模式    数据类型);
```

端口名是赋予每个外部引脚的名字，名字的含义要尽量符合惯例，如D开头的端口名一般表示数据，A开头的端口名一般表示地址等。

模式(MODE)可分为以下几种。

a. IN模式表示信号进入实体但并不输出。输入信号的驱动源由外部实体向该设计实体内进行。IN模式主要用于时钟输入、控制输入(如CLK、RESET等)和单向数据(如地址信号)输入。不用的输入一般接地，以免引入干扰噪声。

b. OUT模式表示信号离开实体但并不输入。信号的驱动源是由被设计的实体内部进行的。OUT模式常用于单向数据输出、被设计实体产生的控制其他实体的信号等。

c. BUFFER模式表示信号输出到实体外部，但同时也在实体内部反馈。BUFFER模式用于在实体内部建立一个可读的输出端口，例如计数器输出，计数器的现态被用来决定计数器的次态。

d. INOUT模式表示信号是双向的，既可进入实体也可离开实体。INOUT模式可以代替IN模式、OUT模式和BUFFER模式，所以INOUT模式是一个完备的端口模式。但并不建议在什么情况下都采用INOUT模式。只有双向数据信号，如计算机的PCI总线的地址、数据复用总线、DMA控制器数据总线，才选用而且必须选用INOUT模式。这是一个良好的设计习惯。

关于端口的数据类型，前面内容中已有阐述。

【例12.3】 有一个4位加法器add4b，其电路符号如图12.5所示，其中a[3..0]、b[3..0]分别为4位的加数，cin为来自低位的进位，c[3..0]为4位的和，cout为向高位进位。试写出其实体描述。

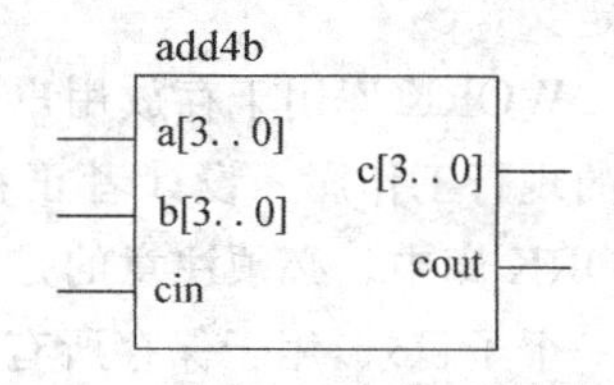

图12.5 例12.3电路符号图

解：add4b实体描述如下。

```
ENTITY add4b IS
  GENERIC ( CONSTANT width: INTEGER := 3; );
  PORT (
      a: IN STD_LOGIC_VECTOR(width DOWNTO 0);
      b: IN STD_LOGIC_VECTOR(width DOWNTO 0);
      cin: IN STD_LOGIC;
      c: OUT STD_LOGIC_VECTOR(width DOWNTO 0);
      cout: OUT STD_LOGIC
  );
END add4b;
```

③ 对结构体的介绍

结构体(Archtecture)用来描述前面定义的实体内部结构和逻辑功能。结构体必须和实体相联系。一个实体可以有多个结构体。结构体的运行是并发的。

结构体的一般语言格式如下。

```
ARCHITECTURE 结构体名 OF 实体名 IS
    [说明语句]
BEGIN
    [功能描述语句]
END 结构体名;
```

说明语句用于定义或说明在该结构体中用到的信号、常量、共享变量、元件和数据类型。

功能描述语句用于描述实体的逻辑功能和电路结构，是结构体的核心部分。

如图 12.6 所示为 VHDL 程序结构体示意图。

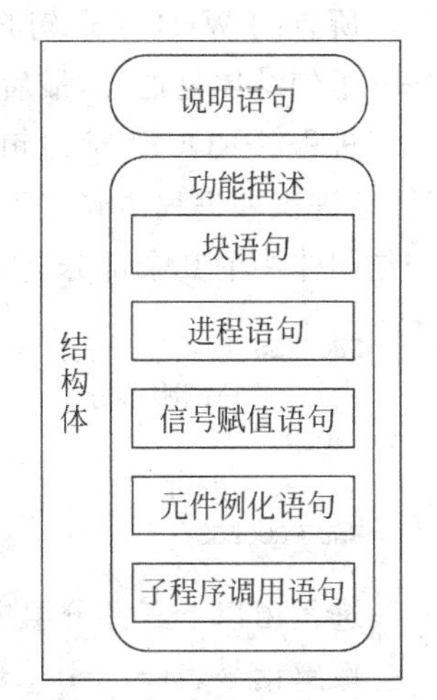

图 12.6 VHDL 程序结构体示意图

(4) VHDL 程序的句法

VHDL 程序的功能描述语句分为并行语句和顺序语句两种类型。

① 对并行语句的介绍

VHDL 语言中的并行语句有多种格式，包括信号赋值语句、进程语句、元件例化语句、块语句和子程序调用语句。并行语句在结构体中的执行是同步进行的，与书写的顺序无关，这一点是 VHDL 语言与传统软件描述语言最大的不同。限于篇幅，这里仅介绍几种常用的并行语句。

信号赋值语句有以下三种。

a. 简单信号赋值语句的格式如下。

```
信号赋值目标<=表达式;
```

简单信号赋值语句也称布尔方程，将逻辑函数表达式中的逻辑运算符号用 VHDL 标准逻辑操作符代替即得到布尔方程。

如将逻辑函数表达式 $Y=A\bar{S}+BS$ 写成布尔方程如下。

```
Y<=(A AND(NOT S)) OR (B AND S);
```

b. 条件信号赋值语句的格式如下。

```
赋值目标<=表达式  WHEN  赋值条件  ELSE
          表达式  WHEN  赋值条件  ELSE
                       …
          表达式  WHEN  赋值条件  ELSE
          表达式;
```

条件信号赋值语句根据指定条件对信号赋值，条件可以为任意表达式。根据条件出现的先后次序隐含优先权，最后一个 ELSE 子句隐含了所有未列出的条件。每一子句的结尾没有标点，只有最后一句结尾是分号。

c. 选择信号赋值语句的格式如下。

```
WITH 选择表达式 SELECT
赋值目标信号 <= 表达式  WHEN 选择值,
                表达式  WHEN 选择值,
                …
                表达式  WHEN 选择值;
```

所有的 WHEN 子句必须是互斥的,一般用 WHEN Others 来处理未考虑到的情况。每一子句结尾是逗号,最后一句结尾是分号。

进程(PROCESS)语句是 VHDL 中最重要的语句。进程具有并行和顺序行为的双重性,即进程和进程语句之间是并行关系,进程内部是一组连续执行的顺序语句。进程语句与结构体中的其余部分进行信息交流是靠信号完成的。进程的基本格式如下。

```
PROCESS(敏感信号表)
    [进程说明部分]
BEGIN
    顺序语句
END PROCESS;
```

进程由以下三部分组成。

敏感信号表(Sensitivity List)——动作的敏感信号放在敏感信号表中。无论何时,敏感信号表中的任一信号发生变化,都将启动进程,执行进程内相应顺序语句。进程中的语句将被重新赋值计算。一般来说,进程中所有的输入信号都应放在敏感表中。

进程说明部分——主要定义一些局部量,可包括数据类型、常数、变量等。注意,在进程说明部分不允许定义信号和共享变量。

顺序语句——包括赋值语句、流程控制语句(包括 IF 语句、CASE 语句、LOOP 语句)、等待(WAIT)语句等。在 VHDL 语言中,顺序语句必须放在进程中。

② 对顺序语句的介绍

顺序语句的特点:总是处于进程的内部。顺序语句的执行方式类似于普通软件语言的程序执行方式,都是按照语句的排列次序执行的。

顺序语句的种类较多,常用的有以下几种。

变量赋值语句和信号赋值语句的语法格式如下。

```
变量赋值目标 := 赋值源;
信号赋值目标 <= 赋值源;
```

流程控制语句通过条件控制开关决定是否执行一条或几条语句。这里介绍三种流程控制语句:IF 语句、CASE 语句和 LOOP 语句。

IF 语句的一般表达式为:IF-THEN-ELSE-END IF。IF 语句的语句结构有以下 4 种。

结构 1:

```
IF 条件语句 THEN
  顺序语句
END IF;
```

首先判断 IF 后的条件表达式的布尔值是否为真，如为真，则顺序执行以下各语句，否则跳过以下顺序语句直接结束 IF 语句的执行。该语句结构是一种非完整性条件语句，通常用于产生时序电路。

结构 2：

```
IF 条件语句 THEN
  顺序语句
ELSE
  顺序语句
END IF;
```

这是一种完整性条件语句，通常用于产生组合逻辑电路。

结构 3：

```
IF 条件语句 THEN
  IF 条件语句 THEN
   …
  END IF;
END IF;
```

这是一种多重 IF 语句嵌套式条件句，既可以产生时序电路，又可以产生组合电路。注意，END IF 语句应该与嵌入条件句数量一致。

结构 4：

```
IF 条件语句 THEN
    顺序语句
  ELSIF 条件语句 THEN
    …
  ELSE
    顺序语句
END IF
```

该语句通过关键词 ELSIF 设定多个判定条件，以使顺序语句的分支可以超过两个。这一类型的语句有一个重要特点，就是其任一分支顺序语句的执行条件是以上各分支所确定条件的相与(即相关条件同时成立)，有时逻辑设计恰好需要这种功能。

【例 12.4】 采用上述 IF 语句描述 4 线-2 线优先编码器。

```
LIBRARY IEEE;
USE IEEE.STD_LOGIC_1164.ALL;
USE IEEE.STD_LOGIC_unsigned.ALL;

ENTITY encode IS
  PORT(I0,I1,I2,I3: IN STD_LOGIC;
        y: OUT STD_LOGIC - VECTOR (1 DOWNTO 0));
END Encode;

ARCHITECTURE one OF encode IS
BEGIN
```

```
    PROCESS(I0,I1,I2,I3)
    BEGIN
       IF (I0 = '0') THEN y<= "00";
        ELSIF (I1 = '0') THEN y<= "01";
        ELSIF (I2 = '0') THEN y<= "10";
        ELSE y<= "11";
       END IF;
    END PROCESS;
  END encode;
```

CASE语句的结构如下。

```
CASE 表达式 IS
    WHEN 选择值 =>顺序语句;
    …
    WHEN 选择值 =>顺序语句;
    [WHEN OTHERS =>顺序语句; ]
END CASE;
```

当执行到CASE语句时,首先计算表达式的值,然后找到条件语句中与之相同的选择值,执行对应的顺序语句,最后结束CASE语句。使用CASE语句应注意以下几点。

- 表达式可以是一个整数类型或枚举类型的值,也可以是由这些数据类型的值构成的数组,条件句中的选择值必在表达式的取值范围内。
- 条件句中的=>不是操作符,它只相当于THEN的作用。
- 除非所有条件句中的选择值能完整覆盖CASE语句中表达式的取值,否则最末一个条件句中的选择必须用OTHERS表示。
- CASE语句中每一条件句的选择值只能出现一次,不能有相同选择值的条件语句出现。
- CASE语句执行中必须选中且只能选中所列条件语句中的一条。

【例12.5】 用CASE语句描述4选1多路数据选择器。

```
PROCESS (a,b,c,d,sel)
BEGIN
    CASE sel IS
        WHEN "00" => x <= a;
        WHEN "01" => x <= b;
        WHEN "10" => x <= c;
        WHEN OTHERS => x <= d;
    END CASE;
END PROCESS;
```

LOOP语句就是循环语句,它可以使所包含的一组顺序语句被循环执行,其执行次数可由设定的循环参数决定。基本格式如下。

```
[LOOP 标号: ]FOR 循环变量 IN 循环次数范围 LOOP
                顺序语句;
            END LOOP;
```

在进程中，当执行到 WAIT 等待语句时，运行程序将被挂起，直到满足结束挂起条件后，才开始执行进程中的程序。WAIT 语句的基本格式如下。

```
WAIT UNTIL 条件表达式;
```

值得指出的是，已列出敏感信号的进程中不能使用 WAIT 语句。

(5) 学习 VHDL 应注意的问题

① 用硬件设计思想来编写 VHDL

VHDL 的描述风格及句法十分类似于一般的计算机高级语言，但它是一种硬件描述语言。学好 VHDL 的关键是充分理解 VHDL 语句和硬件电路的关系。编写 VHDL 就是在描述一个电路，写完一段程序后，应当对生成的电路有一些大体上的了解，而不能用纯软件的思路来编写硬件描述语言。要做到这一点，需要多实践、多思考、多总结。

② 语法掌握贵在精，不在多

30%的基本 VHDL 语句就可以完成 95%以上的电路设计，很多生僻的语句并不能被所有的综合软件所支持，在程序移植或者更换软件平台时容易产生兼容性问题，也不利于其他人阅读和修改。建议多用心钻研常用语句，理解这些语句的硬件含义，这比多掌握几个新语法要有用得多。

③ 掌握 VHDL 描述和传统原理图的关系

VHDL 和传统的原理图输入方法的关系就好比是高级语言和汇编语言的关系。VHDL 可移植性好，使用方便，但效率不如原理图。原理图输入的可控性好，效率高，比较直观，但设计大规模 CPLD/FPGA 时显得很烦琐，移植性差。在真正的 PLD/FPGA 设计中，通常建议采用原理图和 VHDL 结合的方法来设计，适合用原理图的地方就用原理图，适合用 VHDL 的地方就用 VHDL，并没有强制性规定。在短时间内，用自己最熟悉的工具设计出高效、稳定、符合设计要求的电路才是最终目的。

④ 了解 VHDL 的可综合性问题

如果 VHDL 程序只用于仿真，那么几乎所有的语法和编程方法都可以使用。如果程序用硬件实现(例如用于 FPGA 设计)，就必须保证 VHDL 程序“可综合”。不可综合的 VHDL 语句在软件综合时将被忽略或者报错。应当牢记一点：“所有的 VHDL 描述都可用于仿真，但不是所有的 VHDL 描述都能用硬件实现。”另外，综合是一项十分复杂的工作，不同的 VHDL 综合器，其综合和优化效率是不一致的。对于产品开发和科研，应对 VHDL 综合器应作适当选择。Cadence、Synplicity、Synopsys 和 Viewlogic 等著名 EDA 公司的 VHDL 综合器均有优良的性能。

3. Quartus Ⅱ 平台的使用

世界上各大可编程逻辑器件(PLD)生产厂商都有自己的 EDA 开发平台，例如 Lattice 的 Synario、Xilinx 的 Foudation、Altera 的 Maxplus Ⅱ 与 Quartus Ⅱ 等都是得到广泛使用的开发系统。本章介绍如何利用 Altera 公司的 Quartus Ⅱ 进行 CPLD/FPGA 设计，结合简单实例介绍 Quartus Ⅱ 的使用方法，包括设计输入、综合与适配、仿真测试和编程下载等流程。

(1) Quartus Ⅱ概述

Quartus Ⅱ是Altera公司自行设计的CAE软件平台，提供了完整的多平台设计环境，能满足各种特定设计的要求，是单片可编程系统(SoPC)设计的综合性环境和SoPC开发的基本设计工具，并为Altera DSP开发包进行系统模型设计提供了集成综合环境。Quartus Ⅱ包含有模块化的编译器，其功能模块包括分析/综合器(Analysis & Synthesis)、适配器(Fitter)、装配器(Assembler)、时序分析模块(Timing Analyzer)、辅助模块(Design Assistant)、网表文件生成器(EDA Netlist Writer)、数据库接口(Compiler Database Interface)等。在编译中这些模块可由用户选择自动运行或者单独运行。

Quartus Ⅱ设计工具完全支持VHDL、Verilog的设计流程，内部嵌有VHDL、Verilog的逻辑综合器；也可调用第三方的综合工具，如Leonardo Spectrum、Synplify Pro、FPGA Compiler Ⅱ等进行逻辑综合。Quartus Ⅱ具备便捷的仿真功能，同时也支持第三方仿真工具，如Modelsim。此外，Quartus Ⅱ与MATLAB和DSP Builder结合，可以进行基于FPGA的DSP系统开发，是实现DSP硬件系统的关键EDA工具。

此外，Quartus Ⅱ含有许多用来构建复杂系统的LPM(Library of Parameterized Modules)，它们可与Quartus Ⅱ普通设计文件一起使用，使非专业设计人员完成SoPC设计成为可能。当然，Altera提供的参数化宏功能模块和LPM均针对特定的Altera器件结构作了优化，应用中必须基于这些宏功能模块或LPM才能充分利用Altera器件的硬件功能。

归纳起来，Quartus Ⅱ具有下述特点。

① 支持多时钟定时分析、SoPC设计，内嵌SignalTap Ⅱ逻辑分析仪、功率估算器等高级工具。

② 管脚分配方便，易于建立时序约束。

③ 具有强大的HDL综合能力。

④ 包含有Maxplus Ⅱ的GUI，易于Maxplus Ⅱ工程顺利地过渡到Quartus Ⅱ开发环境。

⑤ 支持器件种类众多，主要有Stratix和Stratix Ⅱ、Cyclone、Hardcopy和Hardcopy Ⅱ结构化ASIC等。

⑥ 支持Windows、Solaris、HPUX和Linux等多种操作系统。

⑦ 链接有丰富的综合、仿真等第三方工具。

(2) Quartus Ⅱ的安装与用户界面

① Quartus Ⅱ的安装

Quartus Ⅱ6.0与13.0版本软件的安装比较简单。将软件光盘放入光驱，安装程序将自动引导完成软件的安装。

软件安装结束后，还必须在软件中加入Altera公司的授权文件(License.dat)，才能正常使用Quartus Ⅱ软件。在Windows或者Windows XP系统的桌面上，右击“我的电脑”，选择“属性”项；在弹出的“系统特性”对话框中选择“高级”选项卡；单击该页面中的“环境变量”按钮，新建用户变量，在“变量名”处输入LM_LICENSE_FILE，在“变量值”处则指定授权文件所在位置。接下来打开 Quartus Ⅱ软件，执行 Tools 菜单下的 License Setup 命令，在 License File 处指明授权文件所在位置，结束授权。

为了使电路设计可以通过计算机通信端口(并口、串口或 USB 口)及编程电缆下载至目标芯片，Quartus Ⅱ软件中还必须安装 Altera 公司的硬件驱动程序。例如，DE2 开发板一般使用 USB 接口编程下载，因此需要安装 USB 下载驱动程序。不过，开发板第一次与 PC 的 USB 口连接时，Windows 会自动引导 USB 下载驱动程序并安装。

② Quartus Ⅱ的用户界面

本例介绍的设计是在 Quartus Ⅱ 13.0 主界面下进行的。打开 Quartus Ⅱ软件时，出现如图 12.7 所示的主界面。

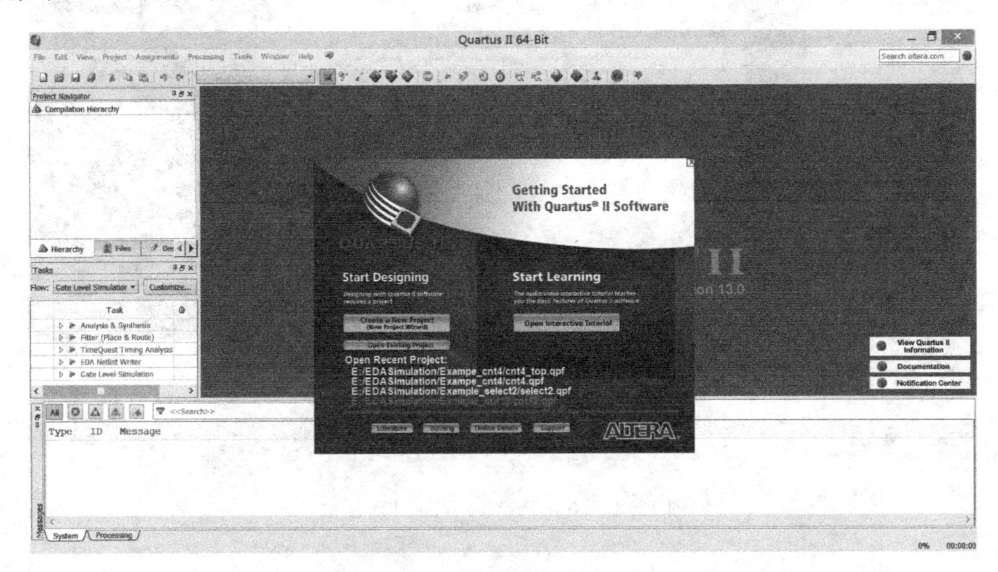

图 12.7　Quartus Ⅱ 13.0 主界面

(3) 基于原理图的十二进制计数器设计

本节以十二进制计数器为例，介绍 Quartus Ⅱ中基于原理图的设计流程，使读者了解 Quartus Ⅱ软件的主要功能、使用方法和设计流程。实例以 Quartus Ⅱ 13.0 为开发平台，采用 Altera DE2 开发板编程下载。

① 建立工作文件夹和设计工程

Quartus Ⅱ软件中的工程由所有设计文件和与设计文件有关的设置组成。用户可以使用 Quartus Ⅱ原理图输入、文本输入、模块输入方式和 EDA 设计输入工具等来表达电路。

Quartus Ⅱ中任何一项设计都是一个工程(Project)。为便于设计项目的存储，必须首先建立一个存放与此工程相关的所有文件的文件夹。此文件夹被默认为工作库(Work Library)。一般，不同设计项目应该放在不同文件夹中，而同一工程的所有文件则应该放在相同文件夹中。请注意不要将项目放在根目录或者安装目录中；文件夹的名称和路径不能用中文，最好也不要使用数字。可以利用 Windows 资源管理器新建一个文件夹。例如，这里假设本设计的文件夹名称和路径为 E:\EDASimulation\Exmaple_cnt12。

接下来利用 New Project Wizard 工具选项创建此设计工程，即令顶层设计 cnt12 为工程，同时设定与之相关的一些信息，如工程名称、目标器件、综合器、仿真器等。详细步骤如下。

a. 打开建立新工程管理窗。执行 File → New Project Wizard 命令，弹出 New Project Wizard 对话框，如图 12.8 所示。在弹出的工程设置对话框中，指明工程所在的工作库文件夹、工程名称和顶层文件实体名称，如图 12.9 所示。例中的工程名称和顶层实体名称均为 cnt12，当然这两个名称可以是不同的。

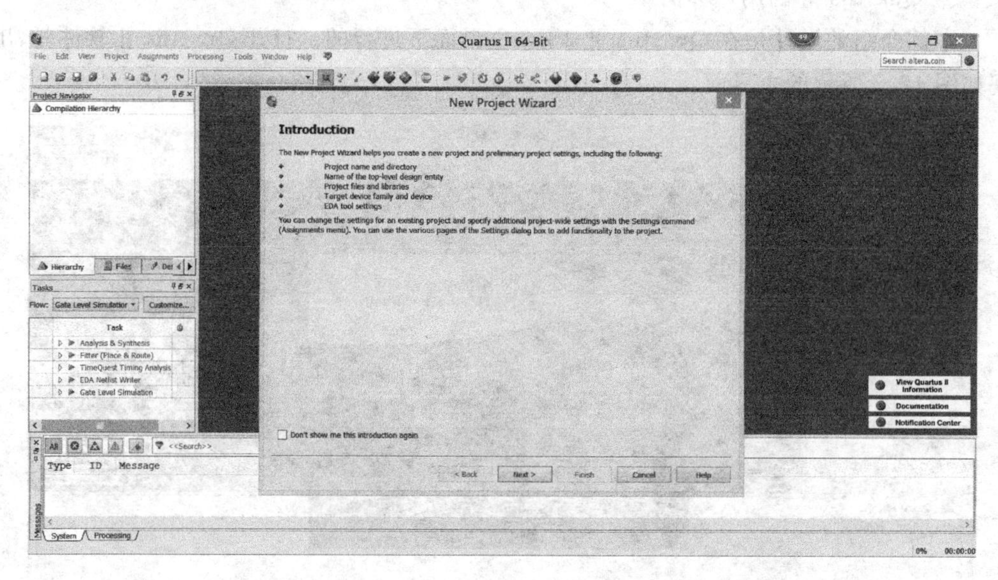

图 12.8　New Project Wizard 对话框

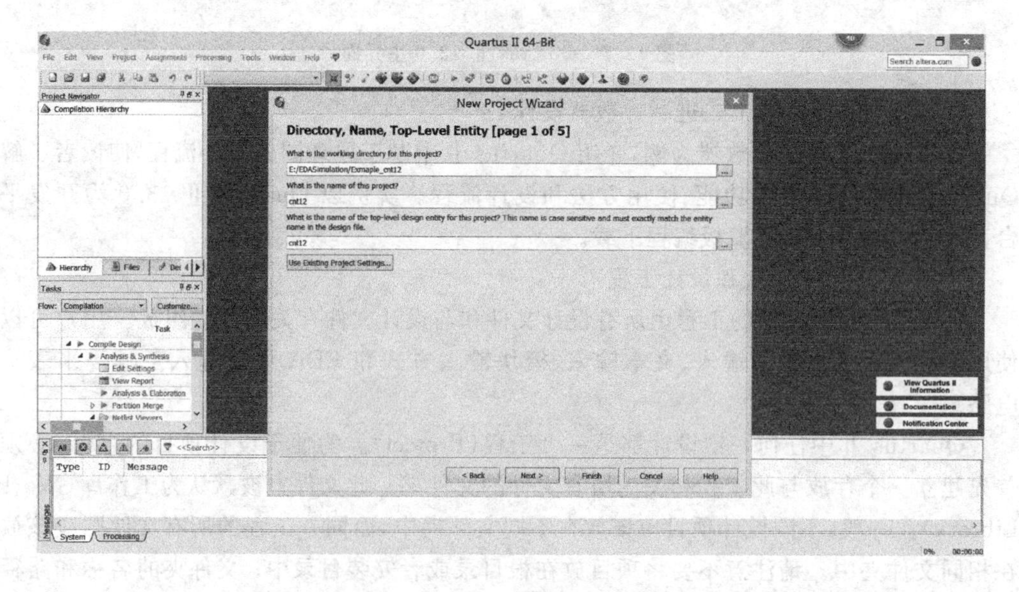

图 12.9　新建工程设置对话框

b. 设置完成后，单击 Next 按钮，出现一个将设计文件加入工程的对话框，由于设计文件还没有输入，直接单击 Next 按钮，出现如图 12.10 所示的选择目标芯片对话框。由于使用 Altera 的 DE2 开发板，这里应该选择 Cyclone Ⅱ系列下的 EP2C35F672C6 器件。

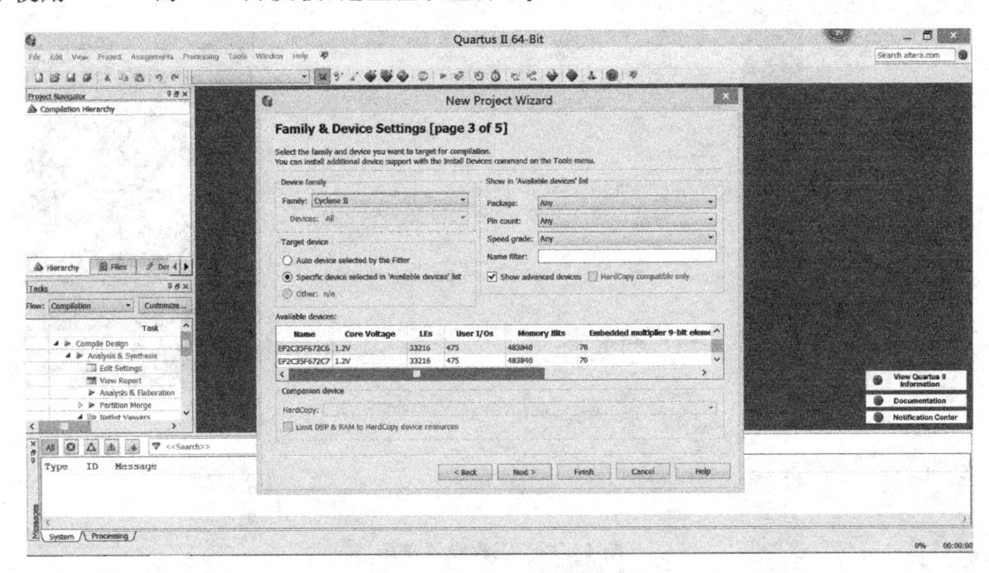

图 12.10　工程下载目标芯片选择

c. 选择仿真器和综合器类型。Quartus Ⅱ软件内部嵌有 VHDL、Verilog 的逻辑综合器；也可调用第三方的综合工具，如 Leonardo Spectrum、Synplify Pro、FPGA Compiler Ⅱ等进行逻辑综合。Quartus Ⅱ具备便捷的仿真功能，同时也支持第三方仿真工具，如 Modelsim。例中采用默认设置，也就是采用 Quartus Ⅱ自带的仿真器和综合器完成设计的综合和仿真，如图 12.11 所示。

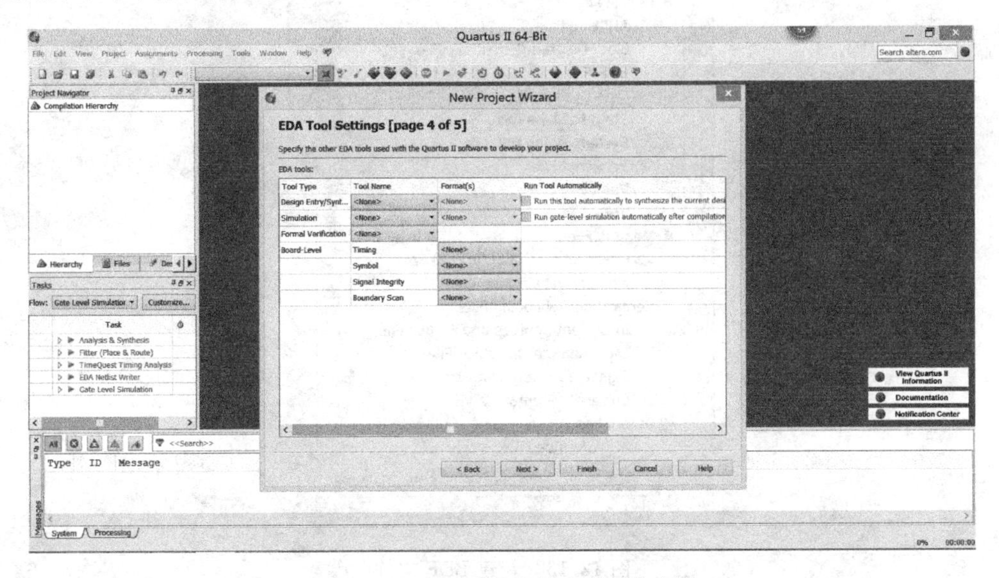

图 12.11　选择默认的综合器与仿真器

d. 工程设置总结。图 12.12 总结了工程设置情况，包括工程文件夹位置、工程名称和顶层实体名称、器件类型、综合器与仿真器选择等。

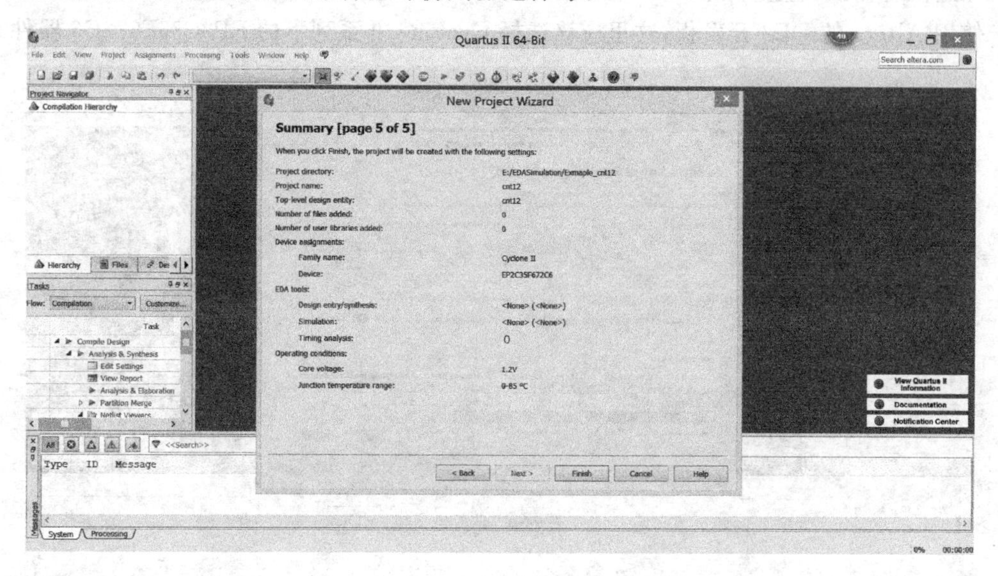

图 12.12　工程设置总结

项目建立后，便可进行电路设计。目前项目中没有包含任何文件，执行 File→New 命令可弹出如图 12.13 所示文件类型选择对话框。在 Design Files 栏中选择 Block Diagram/Schematic File 选项，进入图 12.14 所示 BDF 文件编辑界面。

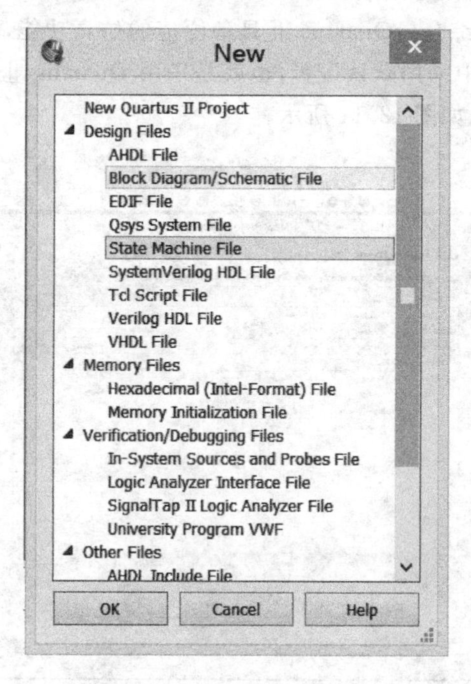

图 12.13　新建 BDF 文件

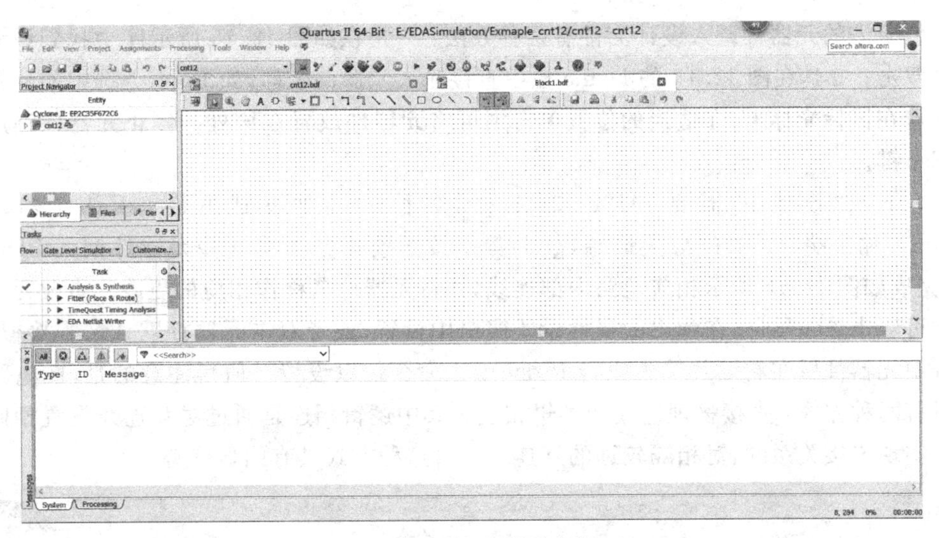

图 12.14　BDF 文件编辑界面

接下来需要将设计中需要的元器件调入 BDF 设计文件。双击图 12.14 编辑界面空白处，或者在右键菜单中执行 Insert→Symbol as Blocks 命令，或者单击快捷图标中的与门符号，将出现如图 12.15 所示元器件选择窗口。Quartus Ⅱ中的元器件存放在\quartus\libraries 文件夹中。该文件夹包含了 Primitives、Megafunctions 与 Others 三个元件库。其中，Primitives 是基本元器件库，包括缓冲器、基本逻辑门、存储元件、IO 引脚等，IO 引脚包括常用的门电路、触发器、电源、输入/输出引脚等；Megafunctions 是可设置参数的强函数元器件库，包括可设置参数的运算部件、存储部件、门电路等；Others 是 Maxplus Ⅱ版本的宏函数库，包括加法器、编码器、译码器、计数器、移位寄存器等 74 系列元器件。

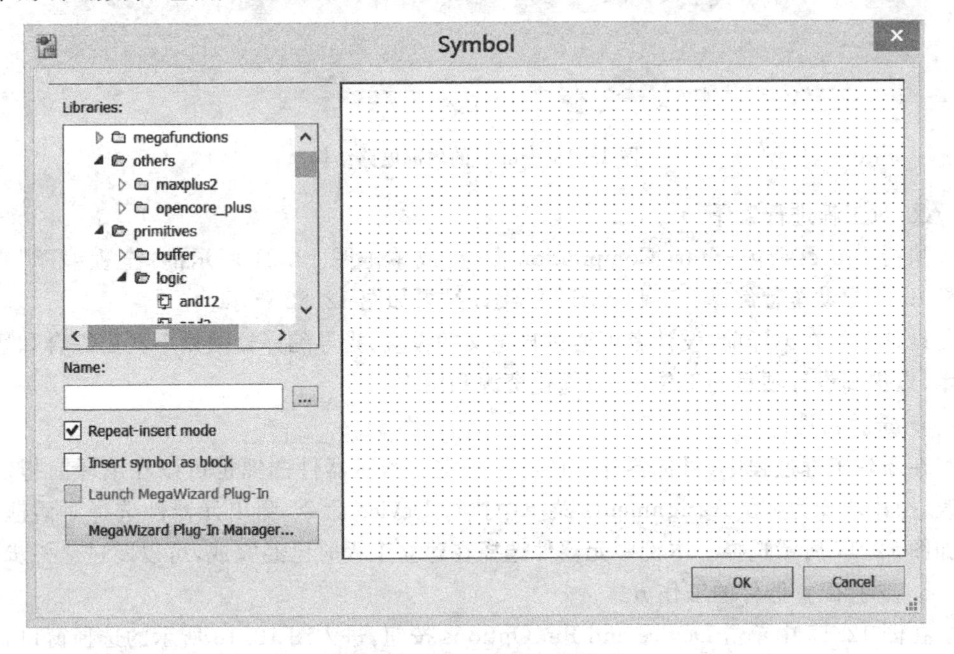

图 12.15　元器件选择窗口

将所需的元器件调入设计文件有两种方法：一是在如图 12.15 所示库中找到该元器件并双击；二是在图 12.15 的 Name 栏中直接输入元器件名称，如 Input。选中的元器件将附着在鼠标光标上，在适当的位置单击则可将元器件放置在该处。停止元器件调用可按 Esc 键。

在 cnt12 设计中，需要 74192 和 7447 等各种 74 系列集成电路以及多个输入端(input)、输出端(output)与接地端(gnd)等。按照前述方法将这些元器件调入 BDF 文件，完成如图 12.16 所示相应电路内部连线，并将元器件名称作相应的更改。更改元器件名称可双击该元器件，在弹出的属性设置窗口中设置，或者双击元器件默认名直接覆盖，或选中元器件后在右键菜单中执行 Properties 命令加以设置。值得注意的是，在电路连线时有两种方式：直接物理连接和逻辑相连。其中逻辑相连是通过对互连线设置相同的名称实现连接关系的，对相隔较远的互连端而言这种方式具有明显优势。

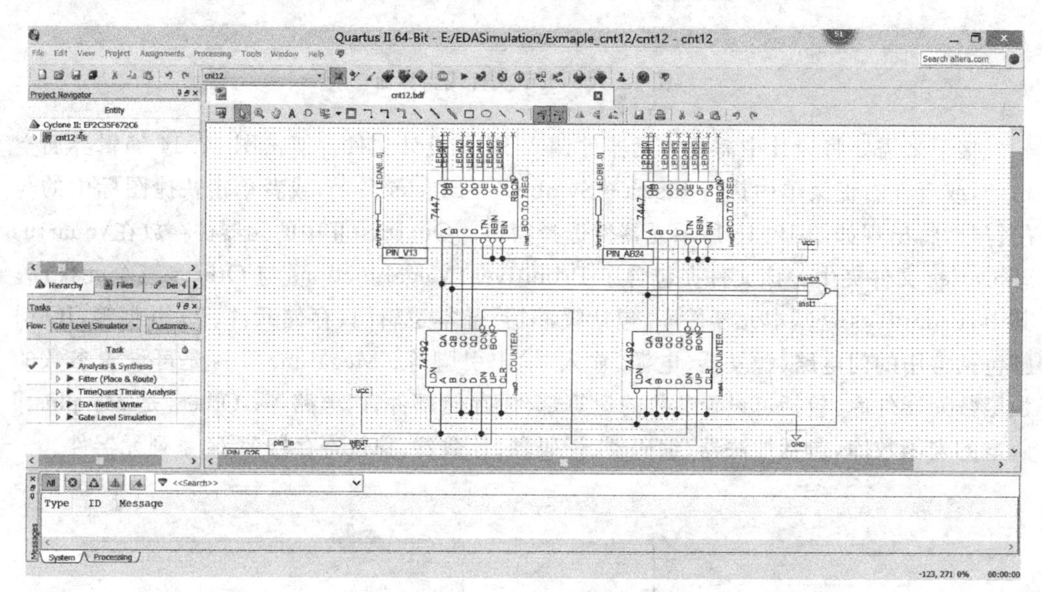

图 12.16 cnt12 的内部电路结构

② 对工程进行编译

执行 Processing→Start Compilation 命令，或单击图 12.21 所示的“全程编译”快捷图标，即可启动全程编译。工程 cnt12 的编译结果如图 12.22 所示。

设计工程在编译前，设计者可通过自定义的设置，指导编译器使用不同的综合和适配技术，以提高设计项目的工作速度，优化资源利用率。

a. 选择器件。

在新建工程过程中，目标器件应该已经指定。当然器件选择也可以在编译前指定或更改，操作步骤为：在 Assignments 菜单中执行 Device 命令，弹出元器件选择对话框，并作如图 12.17 所示选择。本例中元器件选择在建立工程时已经完成，可以跳过这一步。

b. 选择配置器件的工作方式。

在图 12.17 中单击 Device and Pin Options 按钮，进入图 12.18 所示的选择窗口。在

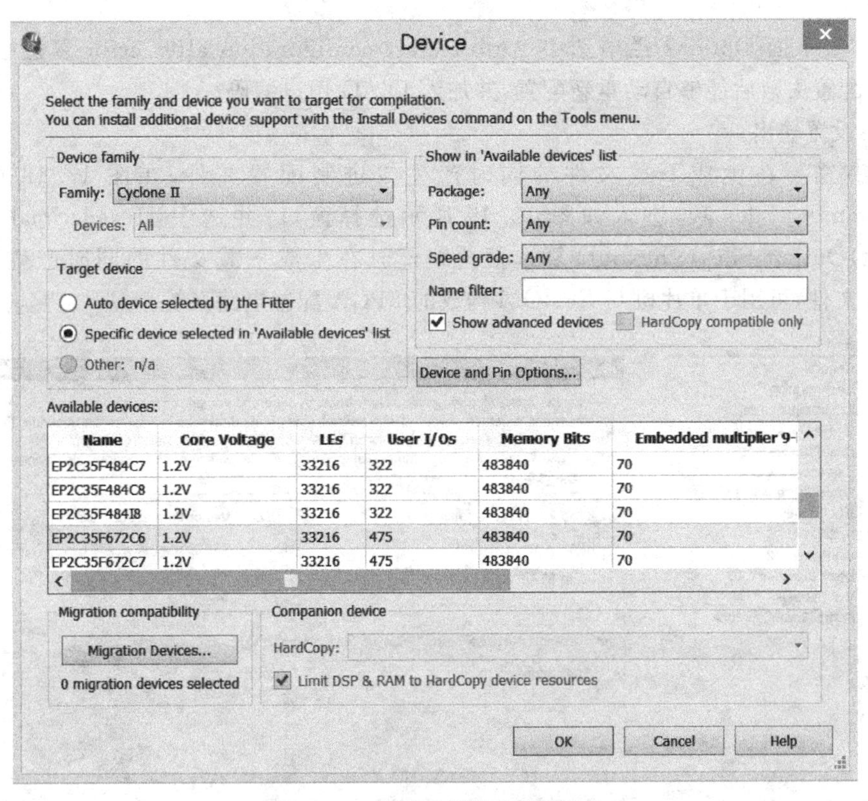

图 12.17　编译前器件选择或修改

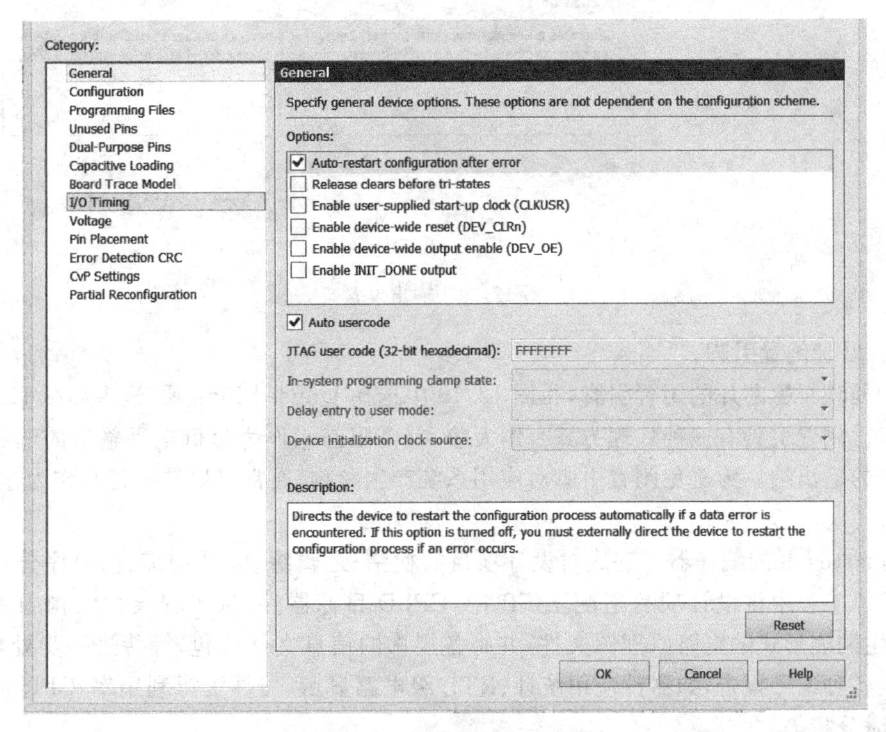

图 12.18　器件配置方式选择

General 项下面 Options 栏中选中 Auto-restart configuration after error 复选框，使对 FPGA 配置失败后能够自动重新配置，并加入 JTAG 用户编码。

c. 设置输出。

如果需要在生成下载文件的同时产生二进制配置文件，在图 12.18 中选择 Programming Files 项，进入如图 12.19 所示选择窗口，并选中 Hexadecimal (Intel-Format) Output File (. hexout) 复选框。编译时在生成下载文件的同时产生 cnt12. hexout 文件，可用于单片机与 EPROM 构成的 FPGA 配置电路系统。

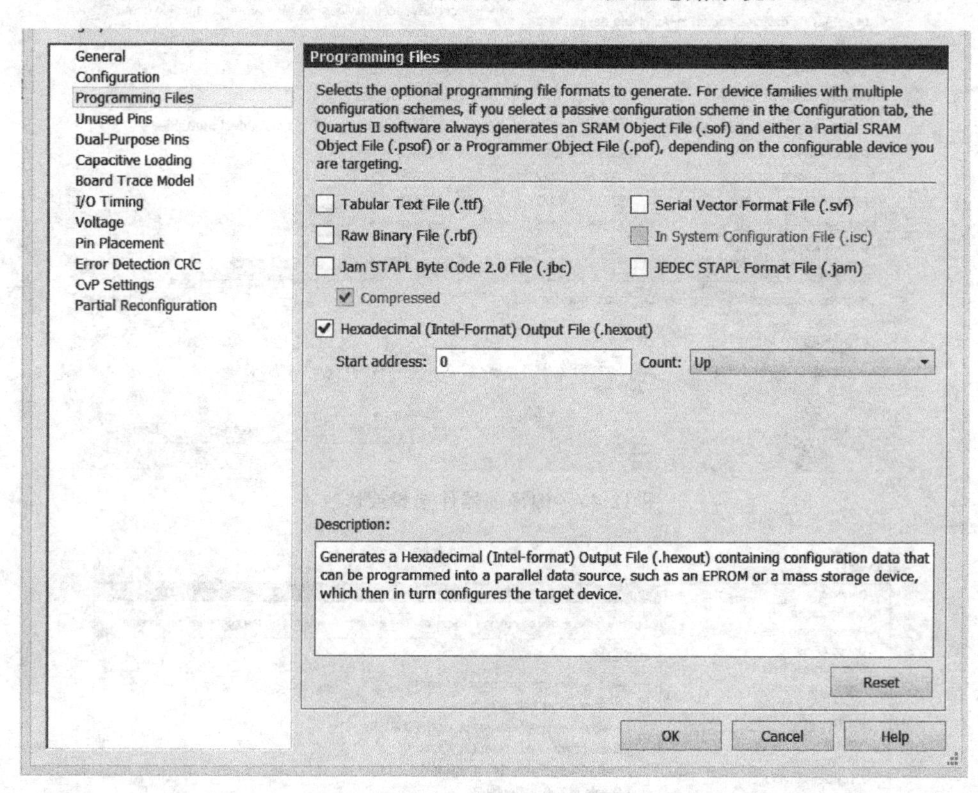

图 12.19 输出设置

d. 处理闲置引脚。

为处理目标芯片的闲置引脚，在图 12.19 中选择 Unused Pins 项，进入如图 12.20 所示窗口。闲置引脚有三种处理方式：作为输入(高阻态)、作为呈低电平输出的端和呈不定状态的输出端。为避免闲置引脚对应用系统产生影响，通常可以选择将其作为输入(高阻态)。

Quartus Ⅱ 的编译器可完成对设计项目的检错、逻辑综合、结构综合、时序分析等功能。编译工程中将设计项目适配至 FPGA/CPLD 目标器件，从工程层次结构中提取信息，产生网表形式的电路原理图文件，并将各层次的信息文件打包，等待进一步处理；同时产生各种编译报告，如器件使用统计、RTL 级电路显示、器件资源利用率、CPU 使用资源、延时分析等。

执行 Processing→Start Compilation 命令，或单击如图 12.21 所示的“全程编译”快

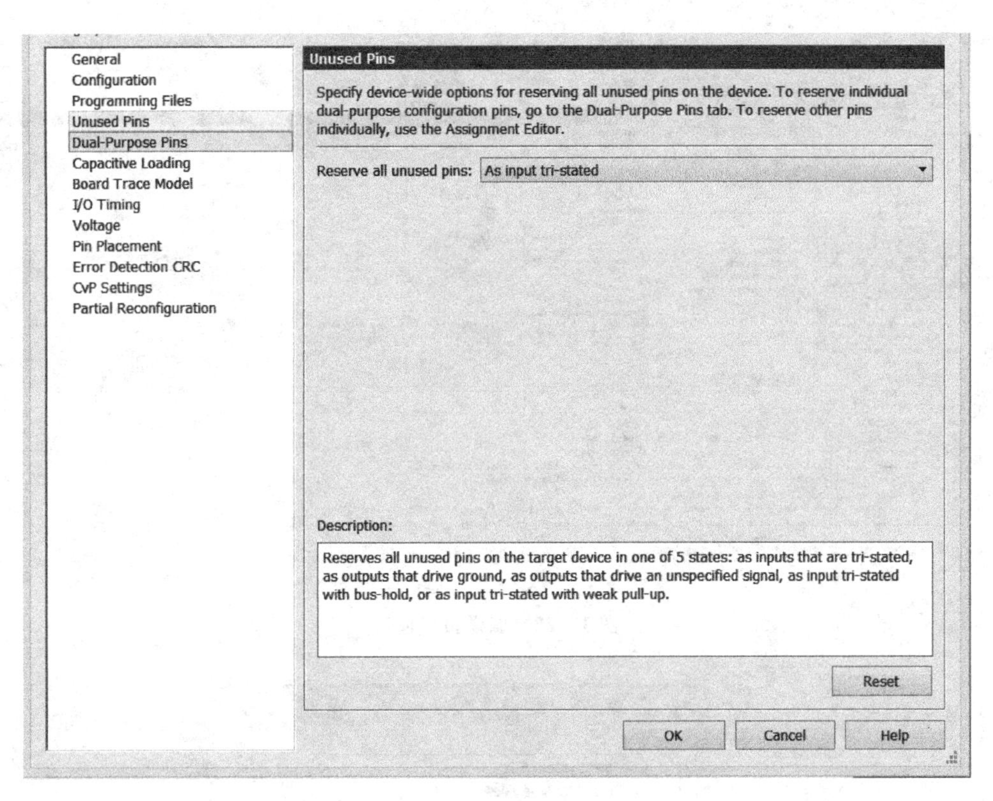

图 12.20　闲置引脚处理

图 12.21　启动编译的快捷键

捷图标，即可启动全程编译。编译过程中 Processing 窗口会显示相关信息，若发现问题，会以红色的错误标记条或深蓝色警告标记条加以提示。警告信息不影响编译通过，错误信息则会使编译不能通过，必须加以排除。双击错误条文，光标将定位于错误处。

通过编译后，将会出现如图 12.22 所示的编译结果报告。用户可以在窗口中查看项目编译后的各种统计信息，包括资源使用情况、时序情况、适配情况等，以详细了解项目的具体信息。

③ 对设计进行仿真

设计工程编译通过后，必须对其进行功能和时序仿真测试，以验证设计结果是否满足设计要求。如果仿真不能通过，必须回过去修改或重新进行设计。对一个编译后的设计进行仿真的步骤如下。

a. 新建 VWF 文件。

在 File 菜单下，选择 New 窗口中的 Verification/Debugging Files→University Program VWF 项，如图 12.23 所示，单击 OK 按钮后弹出如图 12.24 所示 VWF 文件编辑界面。

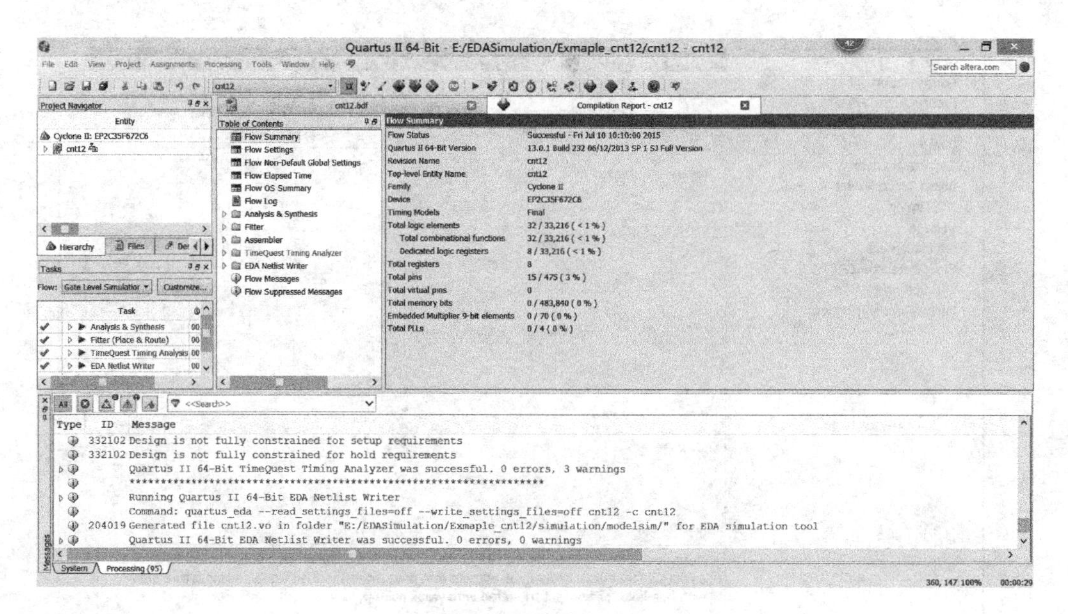

图 12.22 编译报告窗口

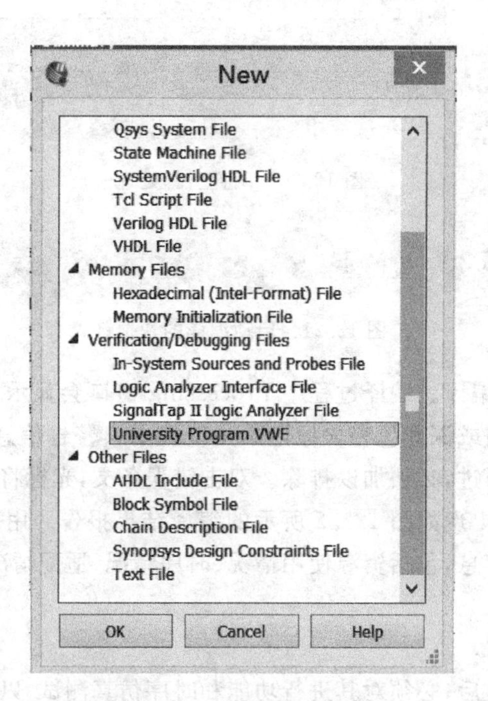

图 12.23 新建 VWF 文件

b. 确定仿真时间和网格宽度。

为设置满足要求的仿真时间区域，执行 Edit→End Time 命令，指定仿真结束时间。另外，为便于对输入信号的赋值，通常还需要指定网格宽度。指定网格宽度可通过 Edit→Grid Size 命令来进行操作。例中将仿真结束时间设定为 1μs（见图 12.25），网格宽度则设定为 20ns（见图 12.26）。

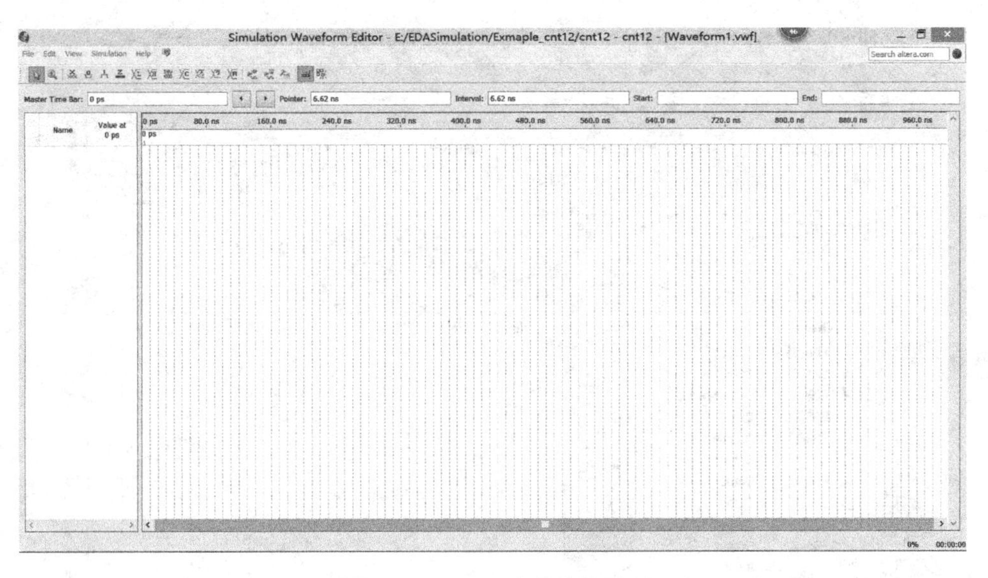

图 12.24　VWF 文件编辑界面

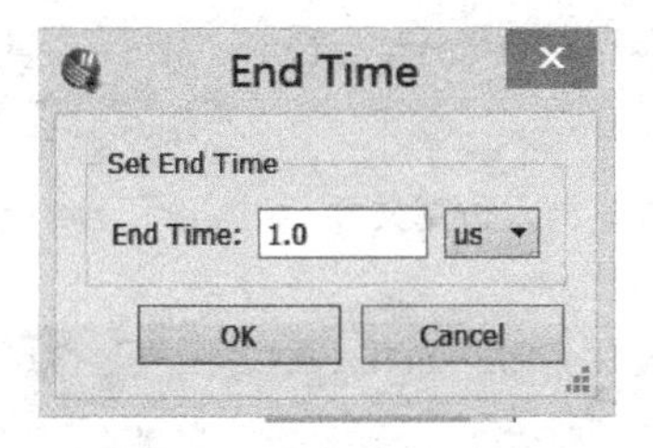

图 12.25　确定仿真结束时间

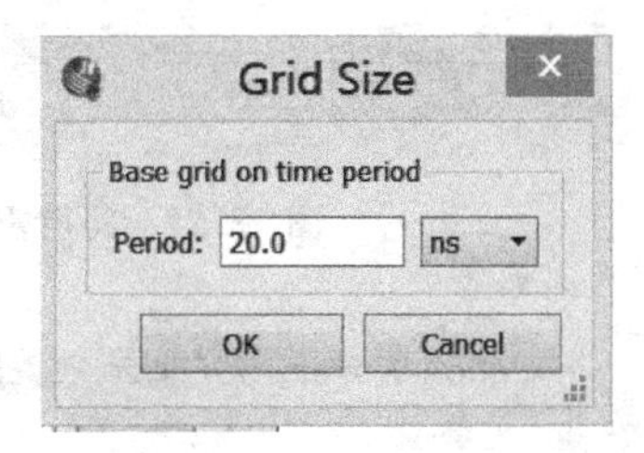

图 12.26　指定网格宽度

c. 编辑 VWF 文件。

在端口列表空白处右击，执行 Insert Node or Bus 命令，弹出如图 12.27 所示对话框。单击 Node Finder 按钮，弹出如图 12.28 所示的对话框。单击 List 按钮，找到设计中出现的输入/输出端口。用图 12.28 中的＞＞或＞符号将全部或部分选中的端口调入仿真文件，如图 12.29 所示。仿真前需要对输入量进行赋值。为便于处理，可用如图 12.30 所示方式将部分端口组合成矢量形式(右击，执行 group 命令)，进行快速的整体赋值。

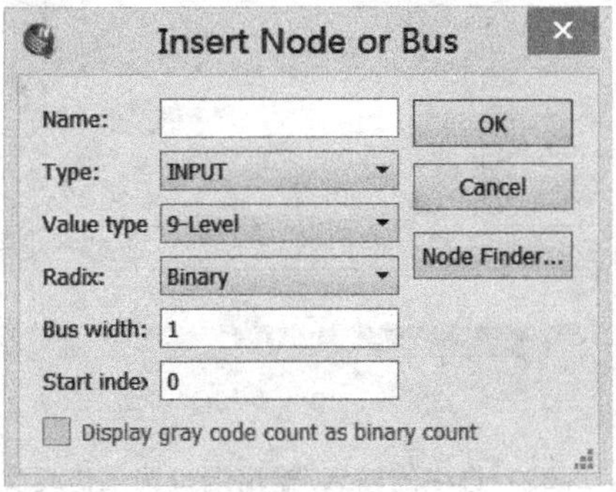

图 12.27　输入/输出端口搜索

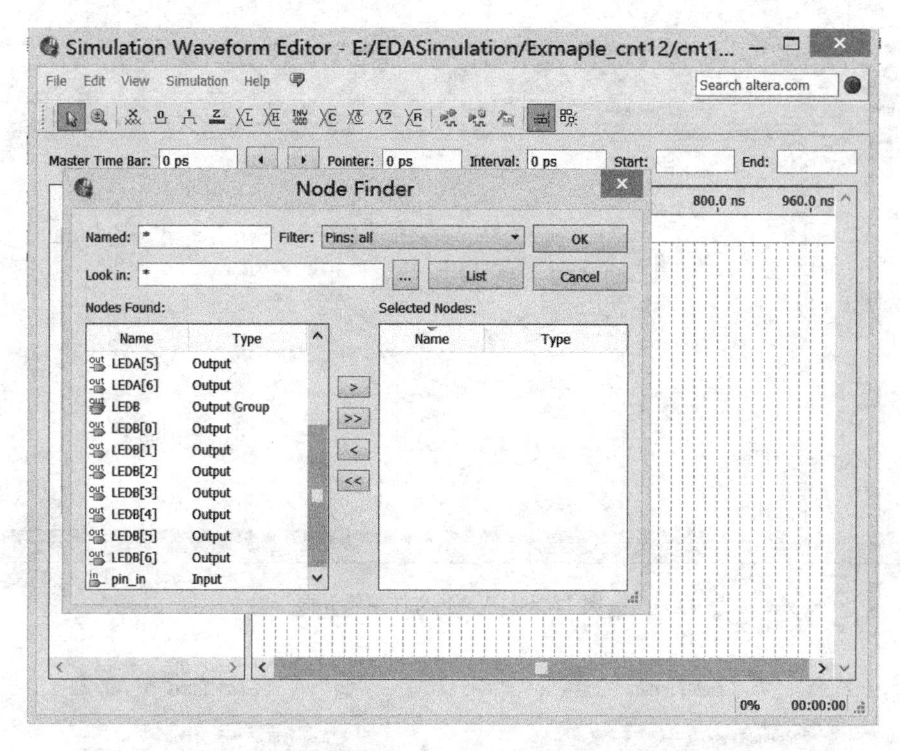

图 12.28 将所需输入/输出端口调入仿真文件

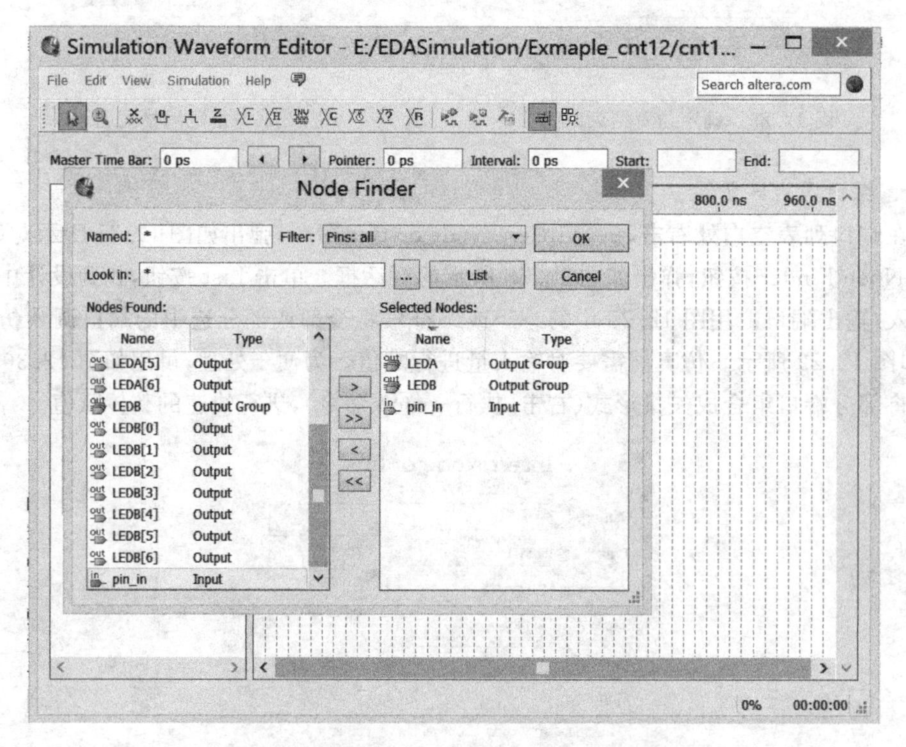

图 12.29 选中的输入/输出端口调入仿真文件

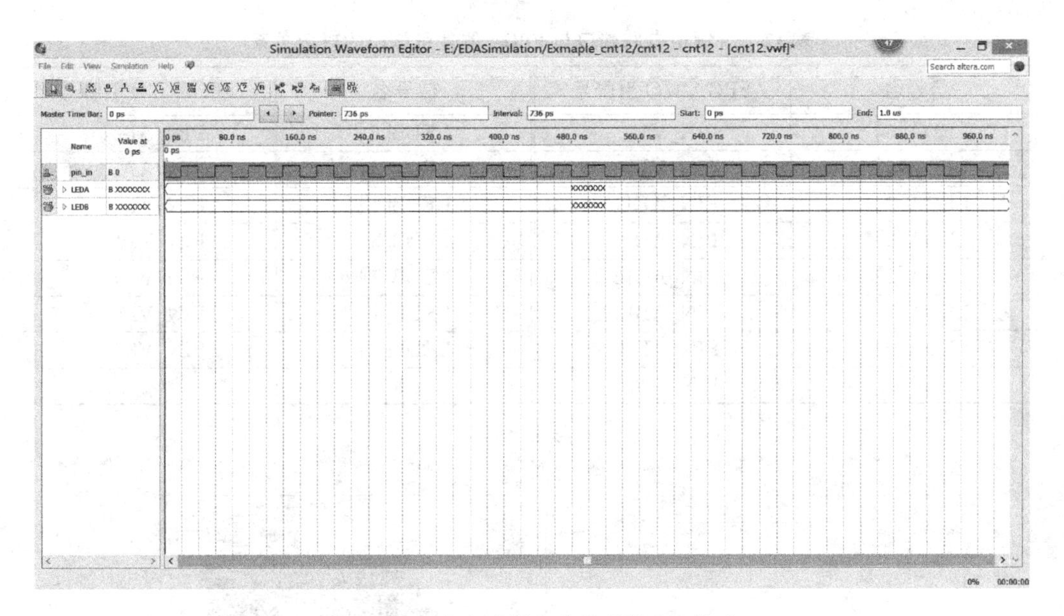

图 12.30　十六进制方式处理输入和输出

d. 启动仿真。

在 Processing 菜单下执行 Start Simulation 命令，或单击其快捷图标，即可启动工程的仿真。仿真结束后可在 VWF 文件中观察仿真结果，如图 12.31 所示。本例中只作了一个简单的并行赋值，因此输入和输出应该是相同的。

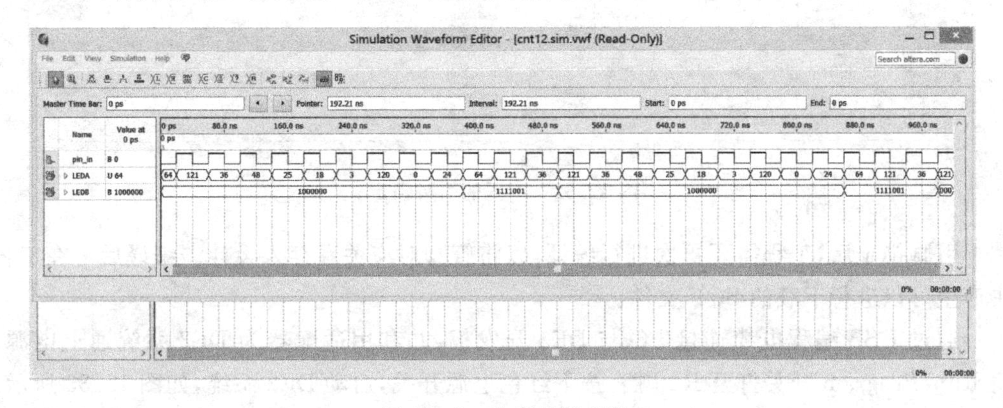

图 12.31　仿真结果观察

④ 引脚锁定和下载验证

为确定设计电路在 FPGA 器件中的位置，需要将设计的输入/输出端口与 FPGA 器件的引脚建立对应关系，也就是完成设计的“引脚锁定”工作。假设十二进制计数器输出 LEDA[6..0]和 LEDB[6..0]送 HEX0 和 HEX1 两只数码管，时钟脉冲 pin_in 从 KEY0 输入，则 cnt12 电路内输入/输出端口与 FPGA 器件的引脚号之间的对应关系如表 12.2 所示。完成引脚锁定的设计如图 12.32 所示。值得注意的是，在引脚锁定之前，工程必须已经通过了编译。

表 12.2　例中电路端口与 FPGA 器件引脚间的对应关系

信号名	FPGA I/O 引脚号	信号名	FPGA I/O 引脚号
LEDA[6]	PIN_V13	LEDB[6]	PIN_AB24
LEDA[5]	PIN_V14	LEDB[5]	PIN_AA23
LEDA[4]	PIN_AE11	LEDB[4]	PIN_AA24
LEDA[3]	PIN_AD11	LEDB[3]	PIN_Y22
LEDA[2]	PIN_AC12	LEDB[2]	PIN_W21
LEDA[1]	PIN_AB12	LEDB[1]	PIN_V21
LEDA[0]	PIN_AF10	LEDB[0]	PIN_V20
pin_in	PIN_G26		

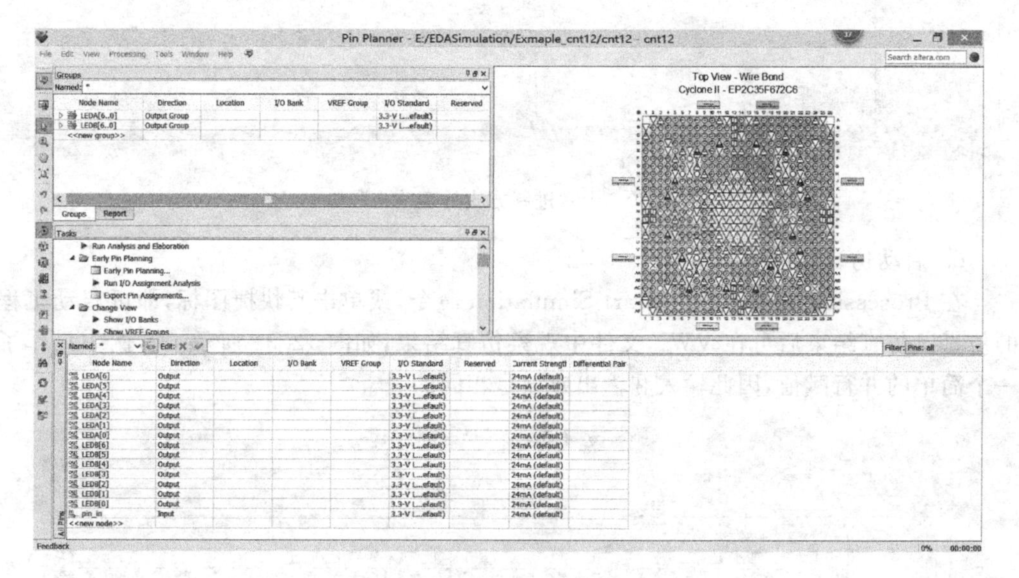

图 12.32　工程的引脚锁定

引脚锁定后，工程需要再次进行编译，以将管脚对应关系存入设计。编译后将在工程中产生可以进行下载的 SOF 文件。

通过 USB 编程电缆连接 PC 与 DE2 开发板，并利用适配器为 DE2 系统通上电源。将 Run/Program 开关打至 Run 挡，按下红色电源开关，启动 DE2 系统，如图 12.33 所示。在 Quartus Ⅱ软件中执行 Tools 菜单下的 Programmer 命令，或者单击“编程器”的快捷图标，即可打开下载流程界面。在下载之前，首先需要进行硬件设置，单击界面中的 Hardware Setup 按钮，在 Hardware Setting 中选择 USB blaster。将编程模式确定为 JTAG，选中 Program/Configure 复选框，便可开始下载，如图 12.34 所示。单击 Start 按钮，Quartus Ⅱ软件便将设计(part1. sof)载入 FPGA 器件。用户可以通过改变选定的拨盘开关状态观察数码管相应的显示变化，结果如图 12.35 所示。

(4) 基于原理图和 HDL 的十二进制计数器设计

本方案采用的设计方法实际上是一种“自顶向下”的设计方法。先设计顶层原理图，后设计底层模块。由于底层模块采用 VHDL 语言描述，在设计原理图时，没必要担心元

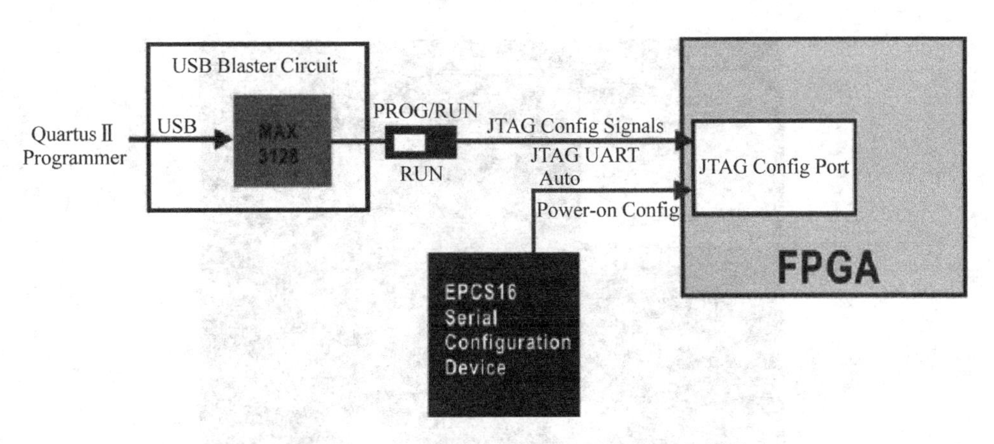

图 12.33　Quartus Ⅱ软件与 DE2 开发板的连接图

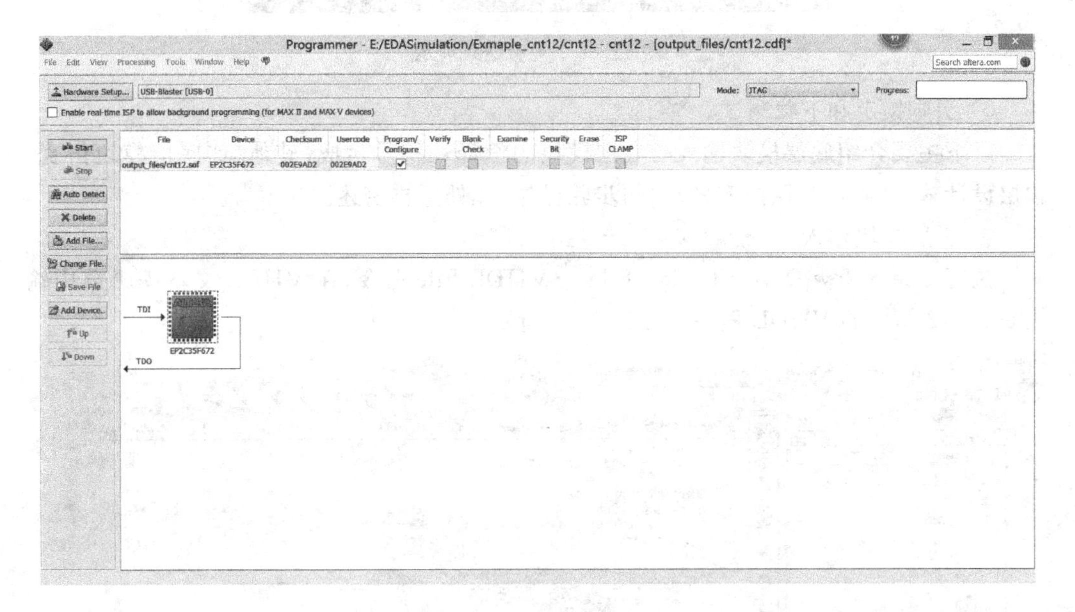

图 12.34　设计项目的下载

件库中能否找到与底层模块对应的元件。当完成原理图和底层模块设计以后，就需要用 Quartus Ⅱ软件将电路用 FPGA 来实现。从 Quartus Ⅱ操作流程来看，应先输入底层模块，后输入原理图。因为先要将底层模块的 VHDL 代码通过编译生成对应的辑辑符号，才能为顶层原理图所调用。十二进制计数器的 Quartus Ⅱ软件操作流程可分解为以下步骤。

① 建立设计工程。

② 底层模块输入(文本输入)。

③ 底层模块的编译和符号生成。

④ 底层模块仿真。

⑤ 顶层设计的输入(原理图输入)。

⑥ 顶层设计的编译。

图 12.35　实验结果展示

⑦ 引脚锁定和下载测试。

以下主要介绍底层模块输入与底层模块的编译和符号生成，其他（如底层模块仿真、顶层设计输入等）可参照内容（3）中的步骤操作，此处不再赘述。

① 底层模块输入。

执行 File→New Device Design Files→VHDL File 命令，在 VHDL 文本编辑窗中输入 count12 模块的 VHDL 程序，如图 12.36 所示。

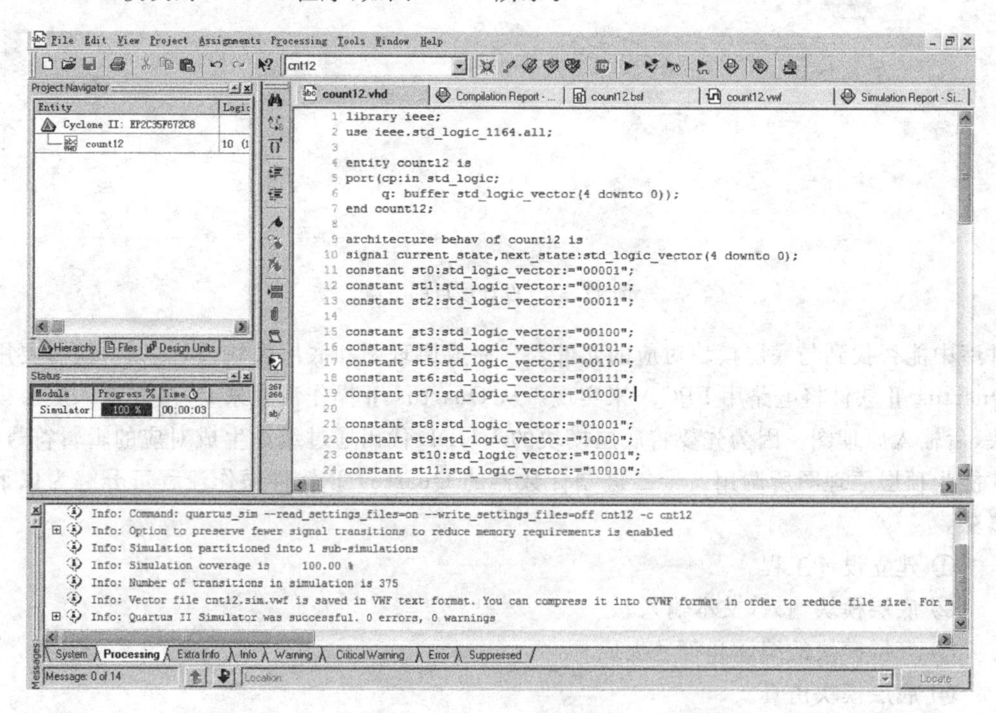

图 12.36　设计文件输入

执行 File→Save as 命令，将输入的文件保存到工作文件夹中，保存类型选择 VHDL File(*.vhd)，存盘文件名必须与 VHDL 代码中的实体名一致，即 coutl2。具体代码如下。

```
library ieee;
use ieee.std_logic_1164.all;

entity count12 is
    port(cp:in std_logic;
         q:buffer std_logic_vector(4 downto 0));
end count12;

architecture behav of count12 is
    signal current_state, next_state:std_logic_vector(4 downto 0);
    constant st0: std_logic_vector := "00001";
    constant st1: std_logic_vector := "00010";
    constant st2: std_logic_vector := "00011";
    constant st3: std_logic_vector := "00100";
    constant st4: std_logic_vector := "00101";
    constant st5: std_logic_vector := "00110";
    constant st6: std_logic_vector := "00111";
    constant st7: std_logic_vector := "01000";
    constant st8: std_logic_vector := "01001";
    constant st9: std_logic_vector := "10000";
    constant st10: std_logic_vector := "10001";
    constant st11: std_logic_vector := "10010";

begin
    com1: process(current_state)
    begin
        case current_state is
            when st0  => next_state <= st1;
            when st1  => next_state <= st2;
            when st2  => next_state <= st3;
            when st3  => next_state <= st4;
            when st4  => next_state <= st5;
            when st5  => next_state <= st6;
            when st6  => next_state <= st7;
            when st7  => next_state <= st8;
            when st8  => next_state <= st9;
            when st9  => next_state <= st10;
            when st10  => next_state <= st11;
            when st11  => next_state <= st0;
            when others  => next_state <= st0;
        end case;
    end process com1;

    reg: process (cp)
        begin
            if (cp'event and cp = '1') then
```

```
                current_state <= next_state;
            end if;
        end process reg;
    q <= current_state;
end behav;
```

② 底层模块的编译和符号创建。

执行 Project→Set as top Level_Entity 命令，将 count12. vhd 置为顶层文件，以便编译操作。编译过程中如出现错误，必须排查源代码中的错误并进行修改。编译通过以后，执行 File→Create/Update→Create Symbol Files for Current File 命令，生成对应 VHDL 程序的逻辑符号。符号生成以后，可以打开相关符号文件(扩展名为. bsf)，如图 12.37 所示。在输入顶层设计原理图时，可以直接调用底层模块逻辑符号。

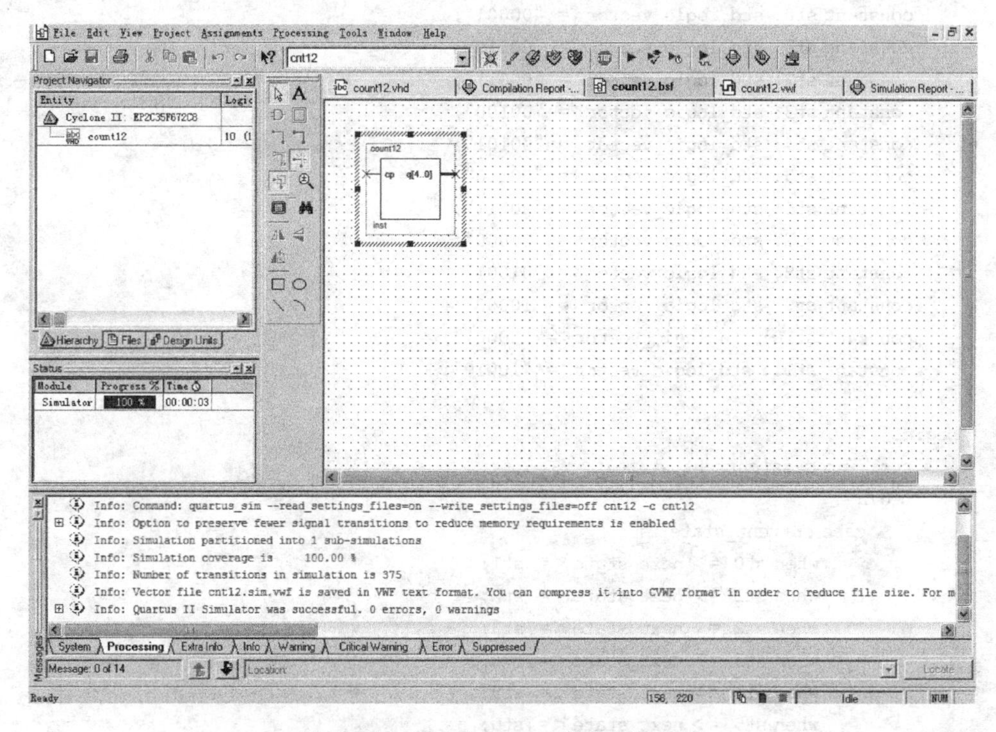

图 12.37 生成的 count12 模块逻辑符号

12.3 实验设备与器件

实验 12 所需的设备与器件见表 12.3。

表 12.3 实验 12 所需的设备与器件

序号	名　称	型号与规格	数量	备注
1	Altera 开发板	DE2	1	
2	Altera 开发软件	Quartus Ⅱ 13.0	1	

12.4　实验内容

1. 4 位数字频率计设计

(1) 设计要求

用 FPGA 设计一个 4 位数字频率计，频率测量范围为 0～9999Hz。设被测信号为方波，幅值已满足要求。

(2) 原理分析

频率就是周期性信号在单位时间(1s)内的变化次数。若在 1 秒的时间间隔内测得这个周期性信号的重复变化次数为 N，则其频率可表示为

$$F=N$$

数字频率计的原理框图如图 12.38 所示。当闸门信号(宽度为 1s 的正脉冲)到来时，闸门开通，被测信号通过闸门送到计数器，计数器开始计数，当闸门信号结束时，计数器停止计数。由于闸门开通的时间为 1s，计数器的计数值就是被测信号的频率。为了使测得的频率值准确，在闸门开通之前，计数器必须清零。为了使显示电路稳定地显示频率值，在计数器和显示电路之间加了锁存器，当计数器计数结束时，将计数值通过锁存信号送到锁存器。控制电路在时基电路的控制下产生三个信号：闸门信号、锁存信号和清零信号。各信号之间的时序关系如图 12.39 所示。

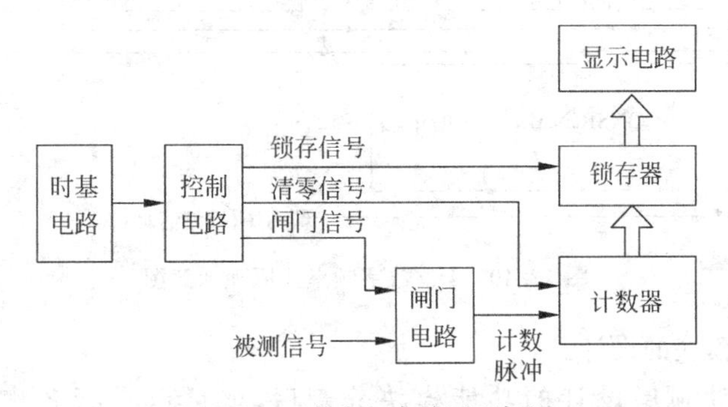

图 12.38　数字频率计原理框图

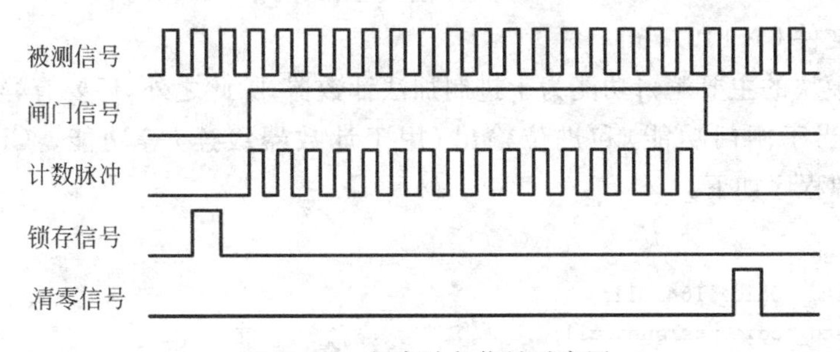

图 12.39　频率计各信号时序图

(3) 数字频率计的 Top-down 设计过程

① 顶层原理图设计。

根据上述的数字频率计的工作原理，不难得到如图 12.40 所示的 4 位数字频率计的

顶层原理示意图。图中总共有 4 个不同的功能模块：CONSIGNAL 模块、CNT10 模块、LOCK 模块和 DECODE 模块，各模块间的互连关系在图中已经标明。CONSIGNAL 模块为频率计的控制器，产生满足时序要求的控制信号。4 个十进制计数器 CNT10 组成一万进制计数器，使频率计的测量范围达到 0～9999Hz。LOCK 模块用于锁存计数器的计数结果(频率测量结果)。DECODER 模块将计数器输出的 8421BCD 码转换为七段显示码。

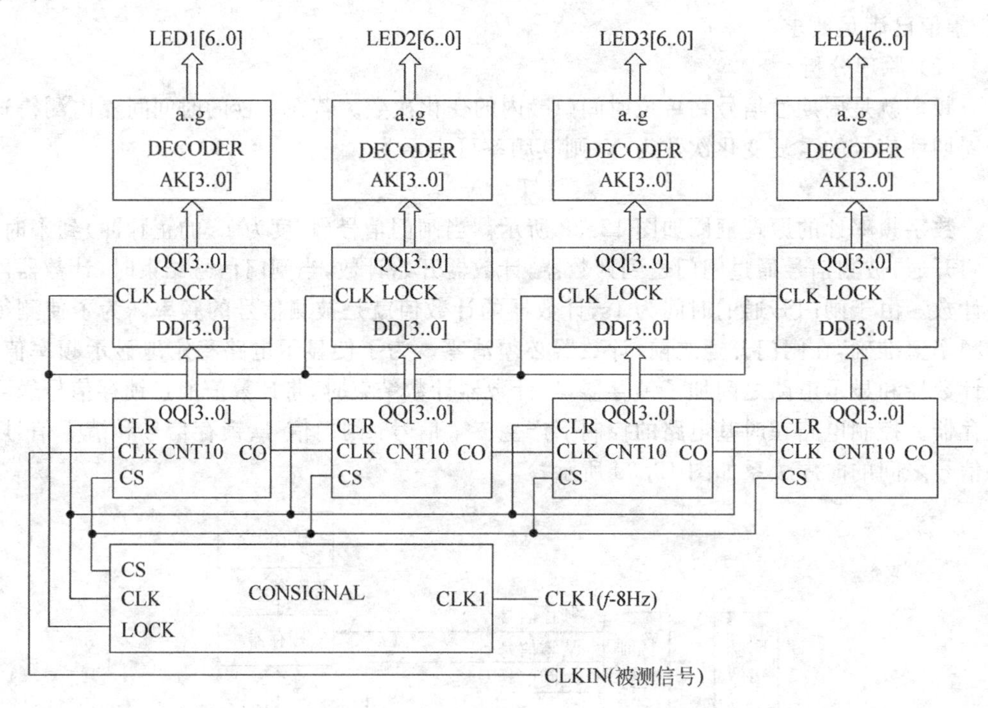

图 12.40 4 位数字频率计原理示意图

② 底层功能模块的设计。

在完成频率计顶层设计的功能模块分割后，就可以进行各底层模块的设计。CNT10、LOCK、CONSIGNAL、DECODER 模块全部采用 VHDL 描述。

• 模块文件 CNT10.vhd

CNT10 模块的主要逻辑功能为十进制加法计数器，除此之外，还要有异步清零、计数允许控制(相当于闸门功能)和进位输出(用于计数器级连)等功能。CNT10 模块的 VHDL 语言源程序如下。

```
library ieee;
use ieee.std_logic_1164.all;
use ieee.std_logic_unsigned.all;

entity cnt10 is
    port(clk: in std_logic;
        clr: in std_logic;
         cs: in std_logic;
```

```
            qq: buffer std_logic_vector(3 downto 0);
            co: out std_logic
    );
end cnt10;
architecture one of cnt10 is
begin
    process(clk,clr,cs)
      begin
        if (clr = '1') then
          qq <= "0000";
        elsif (clk'event and clk = '1') then
          if (cs = '1') then
            if (qq = 9) then
              qq <= "0000";
            else
              qq <= qq + 1;
            end if;
          end if;
        end if;
  end process;

  process(qq)
  begin
      if (qq = 9) then
          co <= '0';
      else
          co <= '1';
      end if;
    end process;
end one;
```

• 模块文件 LOCK. vhd

LOCK 模块的功能是在锁存信号的上升沿到来之际将输入数据锁存到输出端，其 VHDL 语言源程序如下。

```
library ieee;
use ieee.std_logic_1164.all;
use ieee.std_logic_unsigned.all;

entity lock is
    port(clk: in std_logic;
          dd: in std_logic_vector(3 downto 0);
          qq: out std_logic_vector(3 downto 0)
    );
end lock;

architecture one of lock is
begin
    process(clk,dd)
```

```
        begin
          if (clk'event and clk = '1') then
            qq <= dd;
          end if;
      end process;
end one;
```

• 模块文件 CONSIGNAL.vhd

CONSIGNAL 模块用有限状态机(FSM)方式编写,其功能是在一个 8Hz 时钟信号控制下,产生频率计工作中的三个控制信号,包括 4 个十进制计数器开始计数时的清零信号与片选信号以及频率计数完毕时的锁存信号。状态机采用格雷码形式对 12 个状态进行编码,以避免状态转换时可能出现的竞争冒险现象。CONSIGNAL 中 12 个状态分配如下:1 个清零状态、1 个锁存状态、8 个状态产生 1 秒基准信号、2 个闲置状态等待测量结果的输出。CONSIGNAL 模块的 VHDL 语言程序如下。

```
library ieee;
use ieee.std_logic_1164.all;

entity consignal is
    port ( clk: in std_logic;
          cs,clr,lock: out std_logic );
end consignal;

architecture behav of consignal is
  signal current_state, next_state: std_logic_vector(3 downto 0 );
  constant st0: std_logic_vector  :=  "0011" ;
  constant st1: std_logic_vector  :=  "0010";
  constant st2: std_logic_vector  :=  "0110" ;
  constant st3: std_logic_vector  :=  "0111";
  constant st4: std_logic_vector  :=  "0101" ;
  constant st5: std_logic_vector  :=  "0100";
  constant st6: std_logic_vector  :=  "1100" ;
  constant st7: std_logic_vector  :=  "1101";
  constant st8: std_logic_vector  :=  "1111";
  constant st9: std_logic_vector  :=  "1110";
  constant st10: std_logic_vector  :=  "1010" ;
  constant st11: std_logic_vector  :=  "1011";

begin
    com1: process(current_state)
    begin
        case current_state is
            when st0  => next_state <=  st1;clr <= '1';cs <= '0';lock <= '0';
            when st1  => next_state <=  st2;clr <= '0';cs <= '1';lock <= '0';
            when st2  => next_state <=  st3;clr <= '0';cs <= '1';lock <= '0';
            when st3 => next_state <=  st4;clr <= '0';cs <= '1';lock <= '0';
            when st4 => next_state <=  st5;clr <= '0';cs <= '1';lock <= '0';
```

```
            when st5 => next_state <= st6;clr <= '0';cs <= '1';lock <= '0';
            when st6 => next_state <= st7;clr <= '0';cs <= '1';lock <= '0';
            when st7 => next_state <= st8;clr <= '0';cs <= '1';lock <= '0';
            when st8 => next_state <= st9;clr <= '0';cs <= '1';lock <= '0';
            when st9 => next_state <= st10;clr <= '0';cs <= '0';lock <= '0';
            when st10 => next_state <= st11;clr <= '0';cs <= '0';lock <= '0';
            when st11 => next_state <= st0;clr <= '0';cs <= '0';lock <= '1';
            when others => next_state <= st0;clr <= '0';cs <= '0';lock <= '0';
        end case ;
    end process com1 ;

    reg: process (clk)
        begin
            if ( clk'event and clk = '1') then
              current_state <= next_state;
            end if;
    end process reg;
end behav;
```

• 模块文件 DECODER. vhd

DECODER 模块将 BCD 码计数结果译码为七段显示码,以便于数码管显示。值得指出的是 DE2 中的 8 个数码管采用共阳接法,输入低电平有效。DECODER 模块的 VHDL 语言程序如下。

```
library ieee;
use ieee.std_logic_1164.all;

entity decoder is
    port(din:in std_logic_vector(3 downto 0);
         led7s:out std_logic_vector(6 downto 0)
    );
end;

architecture one of decoder is
begin
   process(din)
      begin
        case din is
          when "0000" => led7s <= "1000000";
          when "0001" => led7s <= "1111001";
          when "0010" => led7s <= "0100100";
          when "0011" => led7s <= "0110000";
          when "0100" => led7s <= "0011001";
          when "0101" => led7s <= "0010010";
          when "0110" => led7s <= "0000010";
          when "0111" => led7s <= "1111000";
          when "1000" => led7s <= "0000000";
```

```
            when "1001" => led7s <= "0010000";
            when "1010" => led7s <= "0001000";
            when "1011" => led7s <= "0000011";
            when "1100" => led7s <= "1000110";
            when "1101" => led7s <= "0100001";
            when "1110" => led7s <= "0000110";
            when "1111" => led7s <= "0001110";
            when others => led7s <= null;
        end case;
    end process;
end;
```

③ 设计输入与仿真。

新建一个工程,名称为 cymometer,工程总结如图 12.41 所示。将前述 4 个模块的 VHDL 文件 CONSIGNAL. vhd、CNT10. vhd、LOCK. vhd、DECODER. vhd 复制到工程目录,然后在 Project 菜单下执行 Add/Remove Files in Project 命令,单击 Add All 按钮将它们加入工程。新建一个 BDF 文件,保存为 cymometer. bdf。执行 Add/Remove Files in Project 命令,单击 Add 按钮将其加入工程,作为设计的顶层文件。

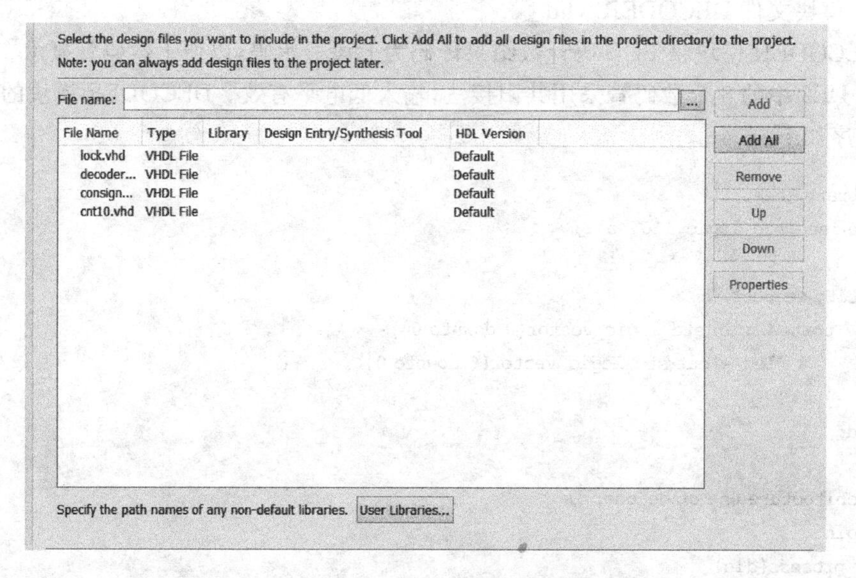

图 12.41 cymometer 工程中添加设计文件

对上述 4 个模块分别进行编译、符号生成与仿真,经分析正确后,用 Quartus Ⅱ 的原理图输入法完成图 12.40 所示的顶层 BDF 文件输入,并保存为 cymometer. bdf 文件,结果如图 12.42 所示,再对其编译通过。

④ 处理项目。

项目处理包括器件选择、引脚锁定、编程下载。

选择器件为 Cyclone Ⅱ 系列的 EP2C35F672C8。

引脚锁定。按表 12.4 来锁定引脚,引脚锁定结果如图 12.43 所示,再次编译工程。

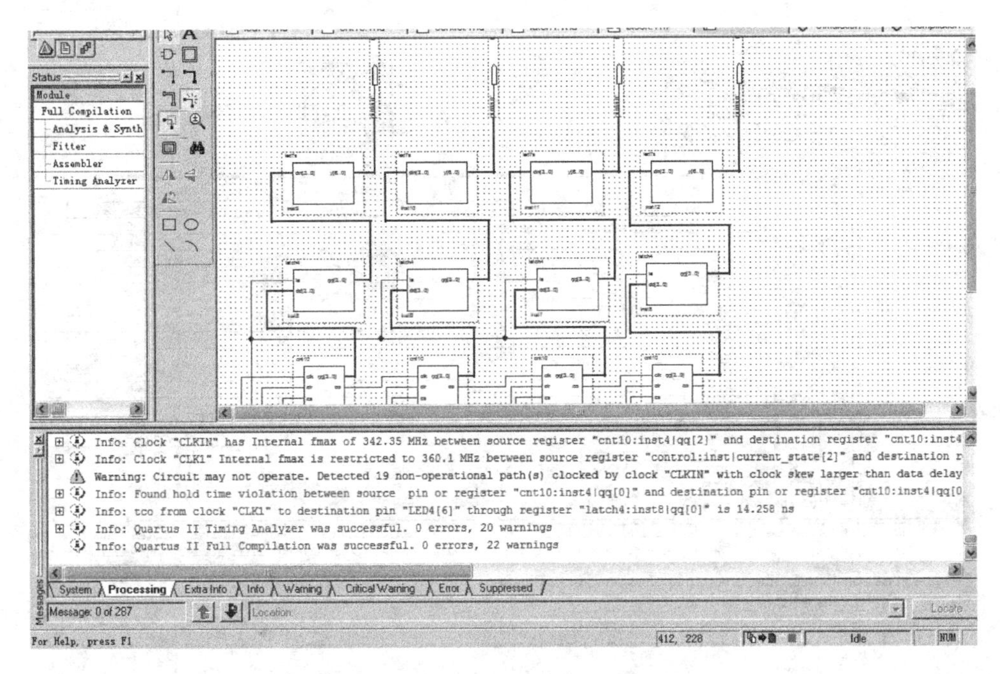

图 12.42　cymometer. bdf 文件编译结果

表 12.4　数字频率计引脚锁定表

信号名	引脚号	信号名	引脚号	信号名	引脚号	信号名	引脚号
LED10	PIN_AF10	LED20	PIN_V20	LED30	PIN_AB23	LED40	PIN_Y23
LED11	PIN_AB12	LED21	PIN_V21	LED31	PIN_V22	LED41	PIN_AA25
LED12	PIN_AC12	LED22	PIN_W21	LED32	PIN_AC25	LED42	PIN_AA26
LED13	PIN_AD11	LED23	PIN_Y22	LED33	PIN_AC26	LED43	PIN_Y26
LED14	PIN_AE11	LED24	PIN_AA24	LED34	PIN_AB26	LED44	PIN_Y25
LED15	PIN_V14	LED25	PIN_AA23	LED35	PIN_AB25	LED45	PIN_U22
LED16	PIN_V13	LED26	PIN_AB24	LED36	PIN_Y24	LED46	PIN_W24
CLKIN	PIN_D25	CLK1	PIN_J22				

运行编译器，产生编程文件(cymometer. sof)。

器件编程。使用 USBBlaster 下载电缆把数字频率计项目以 JTAG 方式下载到 DE2 实验板的 EP2C35F672C6 器件中。在编程过程中，若器件、电缆或电源有问题，则会产生错误警告信息。

⑤ 测试硬件。

在 CLK1 输入端加上 8Hz 基准时钟信号，CLKIN 输入端加上不同频率的时钟信号，根据数字频率计上的显示值，观察测得的频率值是否准确，如图 12.44 所示。

从以上数字频率计设计流程可知，数字频率计的底层模块用 VHDL 语言编制，然后生成一个默认的符号，最后用原理图的方式把每一个符号连接起来。一般来说，VHDL 语言可移植性好，使用方便，但效率不如原理图。原理图输入可控性好，比较直观，容易理解，但用来设计大规模数字系统时显得比较烦琐。因此，在设计数字系统时，应充分利用

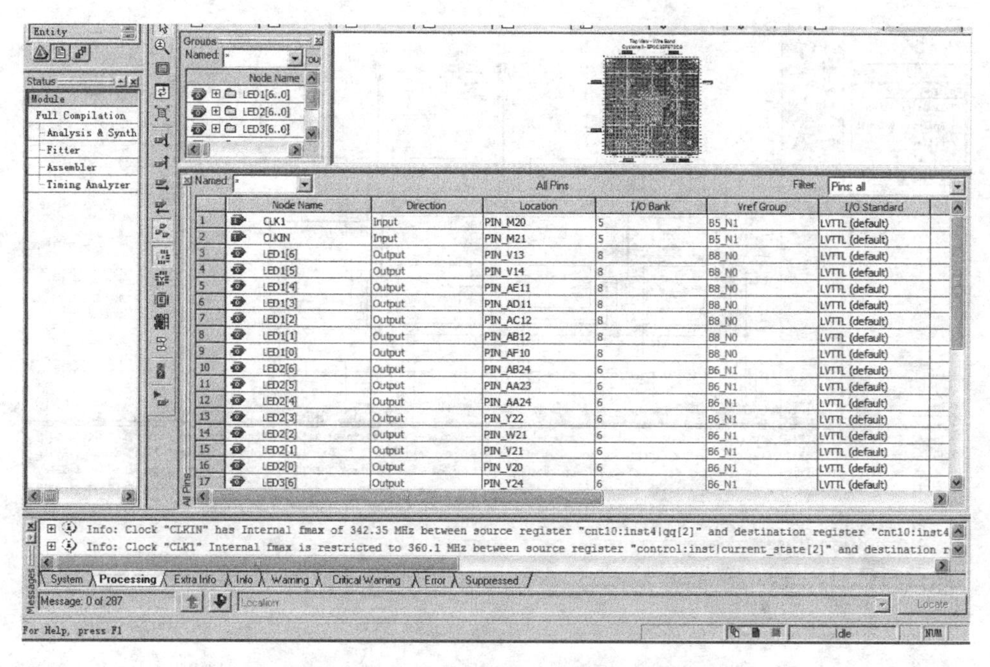

图 12.43 cymometer 工程的引脚安排

图 12.44 结果展示

VHDL 语言和原理图各自的优点。

2. 4 位数字乘法器设计

(1) 设计题目

试设计如图 12.45 所示的 4×4 二进制乘法电路。图中输入信号 $A=A_4A_3A_2A_1$ 是被乘数，$B=B_4B_3B_2B_1$ 是乘数，$P=A\times B$ 是输出信号，为 8 位二进制数。START 为乘法启动信号，END 为乘法结束标志。

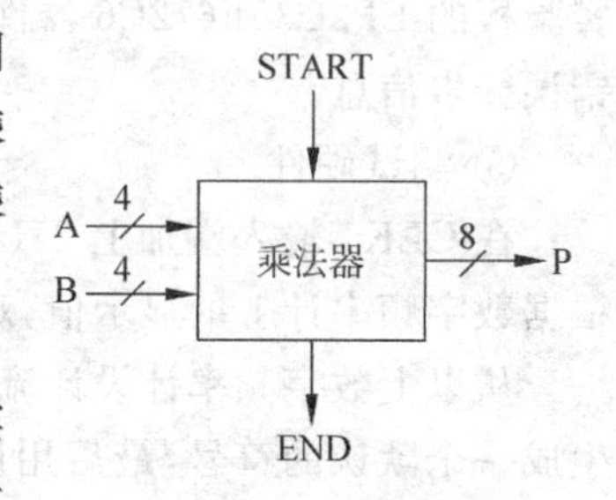

图 12.45 4 位乘法器功能框图

(2) 设计思想和步骤

乘法器既可用组合电路实现，也可用时序逻辑电路实现。从乘法器的框图可知，这是一个 9 输入 9 输出的逻辑电路。如将其设计成组合逻辑电路，必须列出真值表，写出逻辑表达式，画出逻辑图。这种设计方法有很多局限性，比如，当设计对象的输入变量非常多时，并不适合用真值表来描述；这种设计方法是把待设计对象看作一个不可分割的整体，电路功能任何一点微小的改变或改进，都必须重新开始设计。另一种设计思想是把待设计对象在逻辑上看成由许多子操作和子运算组成，在结构上看成由许多模块或功能块构成。这种设计思想在数字系统的设计中得到了广泛的应用，其步骤可分为以下几步。

① 算法设计。将系统要实现的复杂运算分解成一组子运算，并确定执行这些运算的顺序和规律，为电路设计提供依据。

② 电路划分。根据算法的要求画出电路的逻辑框图，并将电路划分成数据处理单元和控制单元。

③ 数据处理单元的设计。选择集成电路芯片或逻辑模块实现各子运算，并连接成数据处理单元。

④ 控制单元的设计。根据数据处理单元中各集成器件或逻辑模块及欲实现的运算，提取出控制信号的变化规律，从而规定控制单元的逻辑功能，进而用设计同步时序电路的方法设计控制单元的具体电路。

(3) 算法设计

算法设计的基本思路是把系统应实现的逻辑功能看作是应完成的某种运算和操作。若这一运算和操作十分复杂，则可以把它分解成若干子运算(子操作)。如果子运算还比较复杂，则仍可继续分解，直至分解为一系列较为简单的运算。按一定的顺序和规则执行这些简单运算，即可实现系统预定的逻辑功能。因此，算法就是对各子运算以及这些子运算的顺序或规则的描述。

系统的算法描述通常具有两大特征。

① 含有若干子运算，实现对数据或信息的存储、传输或处理。

② 具有相应的控制序列，控制各子运算的执行顺序。

对于 4 位乘法器而言，设 A=1001，B=0101，则运算过程和结果可由图 12.46 所示。

```
        1 0 0 1
      × 0 1 0 1
---------------
        1 0 0 1
      0 0 0 0
    1 0 0 1
+ 0 0 0 0
---------------
0 0 1 0 1 1 0 1
```

图 12.46　4 位乘法运算过程

由上述运算过程可知，乘法运算可分解为移位和相加两种子运算，同时，由于是多次相加运算，所以是一个累加的过程。实现这一累加过程有两种方法。一种方法是把乘数 A 左移 1 位后与部分积 P 相加；另一种方法是把部分积 P 右移 1 位后与 A 相加。在运算过程中，若 B 中某一位 $B_i=0$，则部分积 P 与 0 相加，相当于只移位不累加。通过 4 次移位和累加，最后得到的部分积 P 就是 A 与 B 的乘积。

乘法器的算法可以用如图 12.47 所示的算法流程图来描述。当 START 信号为高电平时，启动乘法运算。在运算过程中，共进行 4 次累加和移位操作。当 i=4 时，表示运算结束，P 为已得 A 与 B 的乘积，END 信号置为高电平。

(4) 电路划分

在明确乘法器的算法之后，便可将电路划分成数据处理单元和控制单元。从功能上

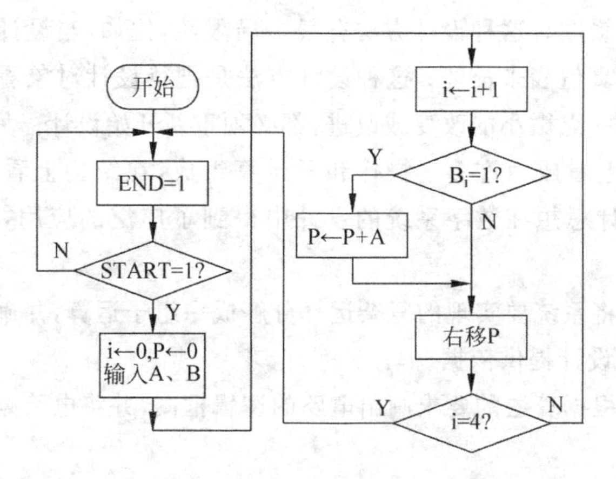

图 12.47 乘法器的算法流程图

分，数据处理单元实现算法流程图规定的寄存、移位、加法等各项运算及操作。因此根据图 12.47 所示的乘法器的算法流程图，数据处理单元需要以下功能部件。

① 三个寄存器，用于存放被乘数的寄存器 A、存放乘数的寄存器 B 及存放 4 位加法器结果的寄存器 S。寄存器 S 和寄存器 B 合并存放部分积 P。同时，寄存器 S 和寄存器 B 应具有右移功能，以实现部分积的右移。寄存器 B 也应有右移功能，以便串行地输出 B_i 至控制器。

② 一个并行加法器，用于实现 4 位二进制加法运算。

③ 一个计数器。用于控制加法和右移次数。

控制器的功能是接收来自寄存器 B 的移位输出信号（B_i）和计数器输出信号（i=4），发出控制信号 CA、CS、CB、CLR、CC 等控制信号，其中，CA 为寄存器 A 的置数信号，CS 为寄存器 S 的置数和移位信号，CB 为寄存器 B 的置数和移位信号，CLR 为寄存器 S 和计数器的清零信号，CC 为计数器的控制信号。经过划分成控制单元和数据处理单元的乘法器逻辑图如图 12.48 所示。

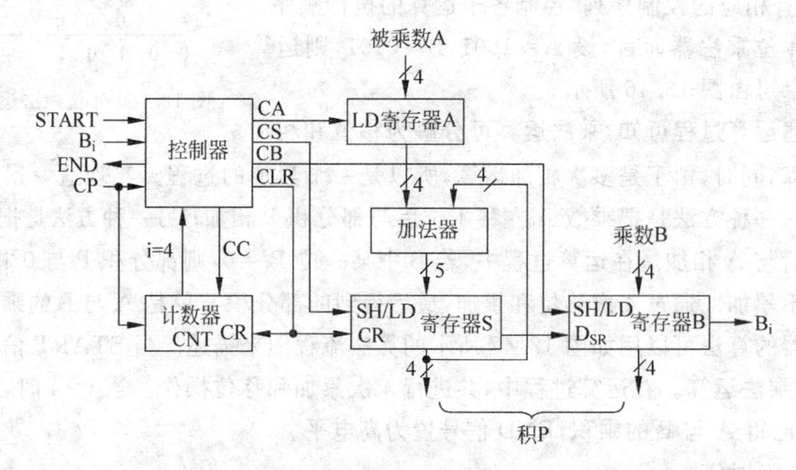

图 12.48 乘法器的逻辑框图

(5) 数据处理单元的设计

设计数据处理单元的依据是逻辑框图中规定的各部件的功能以及相互的连接关系。设计的目标是选定实现这些功能的逻辑器件，确定它们的连接关系，确定控制单元的控制信号及反馈给控制单元的条件信息。

从图 12.48 中可以看到，乘法器数据处理单元中基本运算和操作的部件是寄存器、计数器、加法器等一些常用的逻辑器件。这些逻辑器件的功能可以用 VHDL 语言描述，也可以从 Quartus Ⅱ元件库中的标准模块直接调用，从而提高设计速度和效率。

根据如图 12.48 所示的乘法器逻辑框图，寄存器 A 和寄存器 B 采用 4 位多功能移位寄存器 74LS194，由于寄存器 S 用来存放加法器的 5 位输出(考虑进位输出)，因此采用 8 位多功能移位寄存器 74LS198，加法器选用 4 位二进制超前进位加法器 74LS283，计数器则选用 74LS161，以上这些模块均可以从 Max＋plusⅡ元件库直接调用。由此可得乘法器的数据处理单元的原理图如图 12.49 所示。74LS194(1)只需置数、保持操作，因此将 M_0M_1 连在一起由一根控制线 CA 控制，74LS194(2)和 74LS198 既要置数($M_0M_1=00$)又要右移($M_0M_1=01$)，因此两者的 M_0M_1 分别由两根控制线 CB_0、CB_1 和 CS_0、CS_1 控制。该电路采用了两相时钟，即控制单元响应 CP 上升沿，而数据处理单元响应 CP 的下降沿。其目的有两个：一是使控制器无须产生数据处理单元的时钟信号，降低了控制器复杂程度；二是为了避免时钟偏移对电路的不良影响。

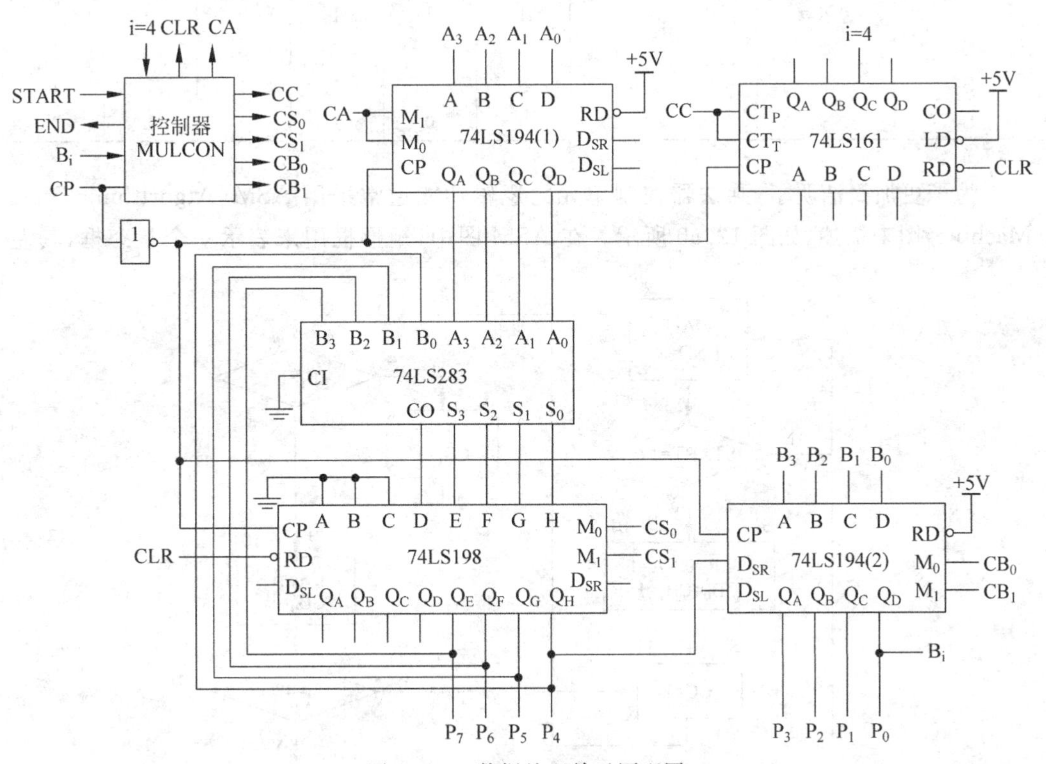

图 12.49 数据处理单元原理图

(6) 控制单元的设计

乘法器控制单元实际上是一同步时序逻辑电路，或者说是一有限状态机。根据乘法器的算法流程图，乘法器控制单元应具有如下逻辑功能。

① 当启动信号 START 有效后，控制器通过 CLR 信号对寄存器 74LS198 和计数器 74LS161 清零，并通过 CA 和 CB 信号将被乘数和乘数分别置入寄存器 A 和寄存器 B。

② 控制器通过 CC 信号使计数器加 1，并根据输入信号 B_i 确定控制器的状态。若 B_i 为 1，则把加法器的结果置入寄存器 74LS198；否则，不对寄存器置数(相当于不做累加操作)。

③ 通过 CS 与 CB 信号使寄存器 74LS198 和寄存器 74LS194(2)各右移一位。

④ 重复②、③步骤 4 次，当输入信号(i=4)有效时，电路回到等待状态，一次乘法运算结束。

根据上述逻辑功能，将乘法器控制单元定义 4 个状态 S_0、S_1、S_2、S_3。S_0 为初始状态；S_1 完成对计数器和寄存器清零，同时将两个乘数置入寄存器；S_2 完成加法运算；S_3 完成移位操作。每个状态发出的控制信号如表 12.5 所示。

表 12.5 由 ASM 图得出的控制器的状态表

状态符号	输入信号	输出信号							
	B_i	END	CLR	CA	CB_1	CB_0	CS_1	CS_0	CC
S_0	×	1	1	0	0	0	0	0	0
S_1	×	0	0	1	1	1	0	0	0
S_2	0	0	1	0	0	0	0	0	1
S_2	1	0	1	0	0	0	1	1	1
S_3	×	0	1	0	0	1	0	1	0

为了更加简洁明了，乘法器控制单元的逻辑功能通常采用 ASM(Algorithmic State Machine)图来描述，如图 12.50 所示。在 ASM 图中，矩形框用来表示一个状态框，其左

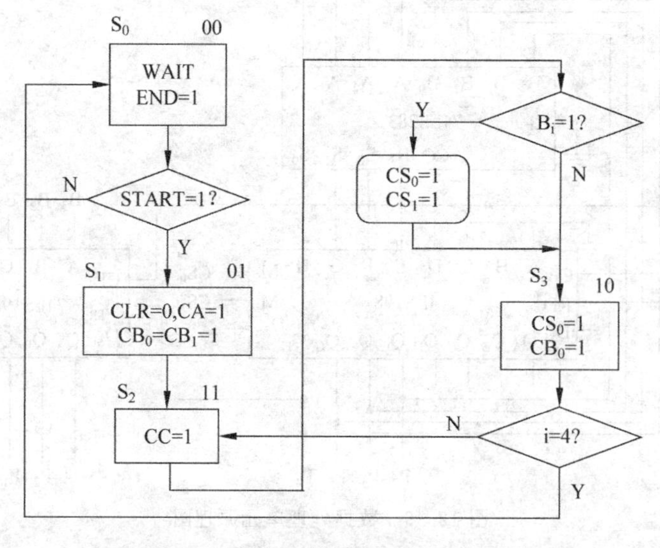

图 12.50 乘法器控制单元的 ASM 图

上角表示该状态的名称，右上角的一组二进制码表示该状态的二进制编码。状态框内定义该状态的输出信号。菱形框表示条件分支框，将外部输入信号放入条件分支框内。当控制算法存在分支时，次态不仅决定于现态，还与外输入有关。椭圆框表示条件输出框，表示某些状态下的输出命令只有在一定条件下才能输出。

乘法器控制单元采用 VHDL 语言描述，其源程序如下。

```
LIBRARY IEEE;
USE IEEE.STD_LOGIC_1164.ALL;
ENTITY mulcon IS
   PORT (start,i4,bi,clk: IN STD_LOGIC;
     endd,clr,ca,cb1,cb0,cs1,cs0,cc: OUT STD_LOGIC);
END mulcon;

ARCHITECTURE one OF mulcon IS
    SIGNAL current_state,next_state: BIT_VECTOR(1 DOWNTO 0);
    CONSTANT s0: BIT_VECTOR(1 DOWNTO 0): = "00"; ——状态编码采用 Gray 码
    CONSTANT s1: BIT_VECTOR(1 DOWNTO 0): = "01";
    CONSTANT s2: BIT_VECTOR(1 DOWNTO 0): = "11";
    CONSTANT s3: BIT_VECTOR(1 DOWNTO 0): = "10";
BEGIN
    com1: PROCESS(current_state,start,i4)
    BEGIN
      CASE current_state IS
         when s0  => IF (start = '1') THEN next_state <= s1;
                    ELSE next_state <= s0;
                    END IF;
         when s1  => next_state <= s2;
         when s2  => next_state <= s3;
         when s3  => IF (i4 = '1') THEN next_state <= s0;
                   ELSE next_state <= s2;
                   END IF;
      END CASE;
    END PROCESS com1;
    com2: PROCESS(current_state,bi)
    BEGIN
      CASE current_state IS
      when s0  => endd <= '1'; clr <= '1'; ca <= '0'; cb1 <= '0'; cb0 <= '0';
                cs1 <= '0'; cs0 <= '0'; cc <= '0';
      when s1  => endd <= '0'; clr <= '0'; ca <= '1'; cb1 <= '1'; cb0 <= '1';
                cs1 <= '0'; cs0 <= '0'; cc <= '0';
      when s2  => IF (bi = '1') THEN endd <= '0'; clr <= '1'; ca <= '0'; cb1 <= '0'; cb0 <= '0';
                cs1 <= '1'; cs0 <= '1'; cc <= '1';
                ELSE endd <= '0'; clr <= '1'; ca <= '0'; cb1 <= '0'; cb0 <= '0';
                cs1 <= '0'; cs0 <= '0'; cc <= '1';
                END IF;
```

```
        when s3 => endd<='0'; clr<='1'; ca<='0'; cb1<='0'; cb0<='1';
                   cs1<='0'; cs0<='1'; cc<='0';
        END CASE;
    END PROCESS com2;

    reg: PROCESS (clk)
    BEGIN
        IF clk='1' AND clk'EVENT THEN
          current_state<=next_state;
        END IF;
    END PROCESS reg;
END;
```

上述乘法控制单元的VHDL源程序的结构体由三个进程组成。其中com1和com2实现组合电路,reg实现时序电路。需要注意的是,时序电路的状态编码采用两位Gray码,可以有效地消除组合电路由于竞争冒险产生的尖峰脉冲。

(7) 设计输入及仿真

在完成上述设计的基础上,利用Quartus Ⅱ完成设计输入及仿真。先将乘法控制单元的VHDL程序MULCON.vhd用文本输入法输入,编译后进行仿真。仿真结果如图12.51所示。将仿真结果与表12.4比较可知,乘法控制单元的逻辑功能正确。

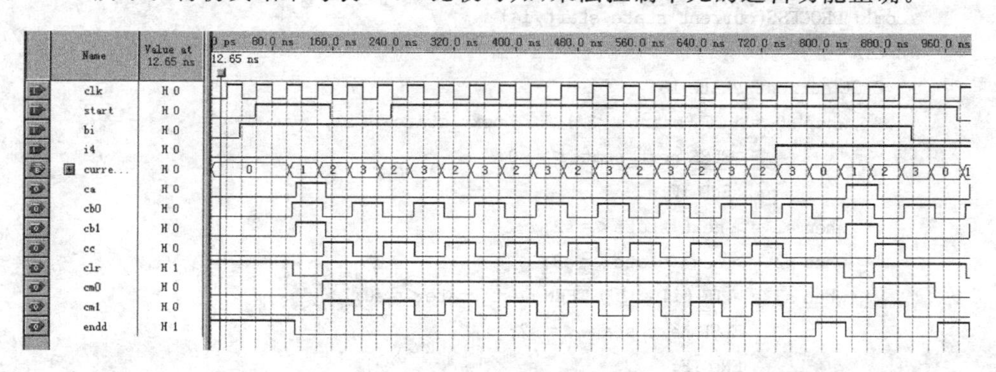

图12.51 乘法器控制单元的仿真结果

利用图形输入法将乘法器原理图输入,完成输入后得到如图12.52所示的乘法器顶层原理图。编译后进行仿真,其仿真结果如图12.53所示。从仿真结果可知,当结束信号endd输出高电平时,对应的led1[6..0](十六进制乘积高4位七段码)和led2[6..0](十六进制乘积低4位七段码)就是乘法器的结果。

(8) 设计项目处理和验证

根据DE2实验板资源,完成器件选择、引脚锁定和编程下载。乘法器引脚锁定参考方案如表12.6所示,即以SW[17]~SW[14]、SW[3]~SW[0]输入两个乘数,KEY[0]为乘法启动信号START,内部27MHz时钟信号加至CCC端,而七段数码管HEX1、HEX0显示十六进制的乘法结果,红色二极管LEDR[0]表示进位溢出信号。完成下载后,通过改变各输入信号可在实验板上验证乘法的正确性。

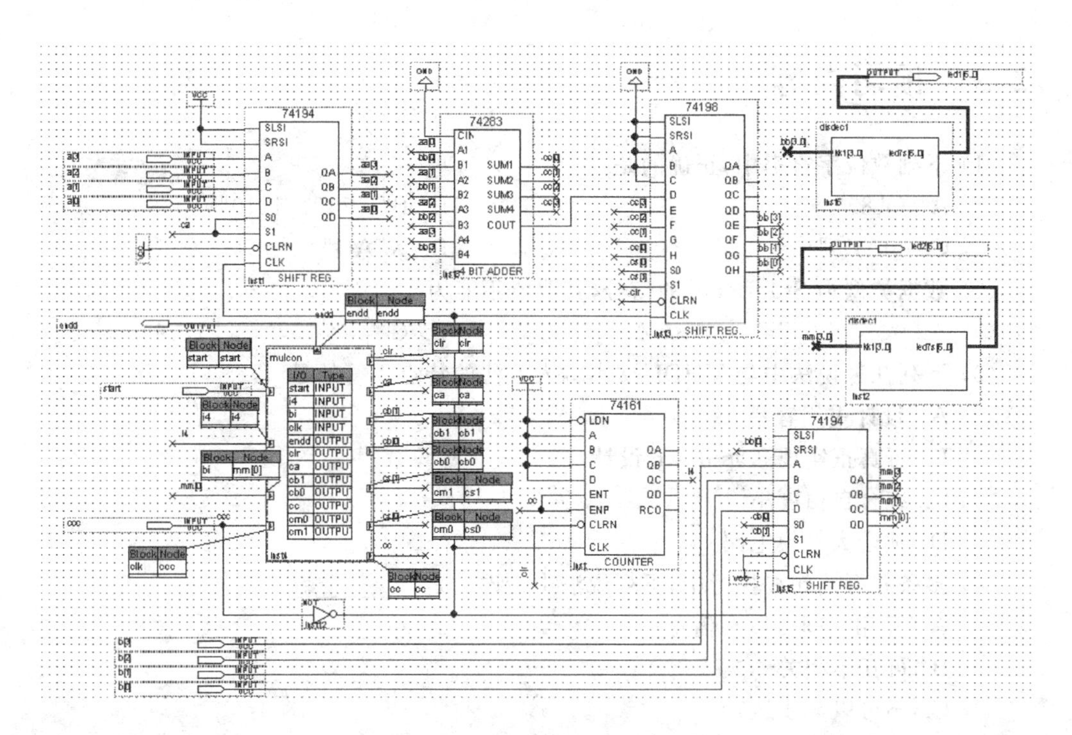

图 12.52　乘法器顶层原理图

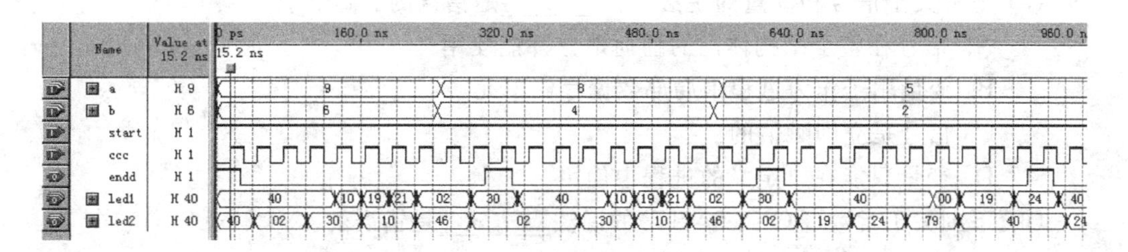

图 12.53　乘法器仿真结果

表 12.6　乘法器引脚锁定参考方案

信号名	引脚号	信号名	引脚号	信号名	引脚号	信号名	引脚号
LED10	PIN_V20	LED20	PIN_AF10	A[3]	PIN_AE14	B[0]	PIN_U3
LED11	PIN_V21	LED21	PIN_AB12	A[2]	PIN_P25	START	PIN_G26
LED12	PIN_W21	LED22	PIN_AC12	A[1]	PIN_N26	CCC	PIN_D13
LED13	PIN_Y22	LED23	PIN_AD11	A[0]	PIN_N25	ENDD	PIN_AE23
LED14	PIN_AA24	LED24	PIN_AE11	B[3]	PIN_V2		
LED15	PIN_AA23	LED25	PIN_V14	B[2]	PIN_V1		
LED16	PIN_AB24	LED26	PIN_V13	B[1]	PIN_U4		

12.5 预习内容

(1) 下列数位字符串中,正确的是________。

A. O"85"　　B. B"1_1101_1110"

C. "0AD0"　　D. X"AG"

(2) 数据类型为 Std_Logic 的信号,其取值不能为________。

A. 0　　B. Z　　C. G　　D. 1

(3) 下列几种说法中与 VHDL 文本输入方法的特点不符的是________。

A. 设计重用容易

B. 可真正实现 Top-down 设计

C. 综合自由度小

D. 适合大规模电路

(4) 多条并行语句在执行中,下列说法中错误的是________。

A. 互相之间可以有信息往来

B. 可互不相关

C. 不可以异步运行

D. 可以同步运行

(5) 下列关于信号和变量的说法中,________是错误的。

A. 信号在整个结构体内的任何地方都能使用

B. 变量用于作为进程中局部数据存储单元

C. 信号是立即赋值的

D. 变量只能在所定义的进程中使用

(6) 下列关于常数(CONSTANT)的说法________是错误的。

A. 在设计中值不会变

B. 可改善代码可读性,便于代码修改

C. 一般要赋一初始值

D. 可以在任意区域加以说明

(7) 下述描述进程语句(PROCESS)的说法中,________是错误的。

A. PROCESS 为无限循环语句

B. PROCESS 中的顺序语句具有明显的顺序/并行运行双重性

C. 进程必须由时钟信号的变化来启动

D. 进程语句本身是并行语句

(8) 下列关于有限状态机的描述中,________是不正确的。

A. 有限状态机克服了纯硬件数字系统顺序方式控制不灵活的缺点

B. 状态机的结构模式相对简单

C. 状态机的 VHDL 描述是唯一的

D. 状态机容易构成性能良好的同步时序逻辑模块

(9) 以下哪条 WAIT 语句所设的进程启动条件不是时钟上升沿？________

A. WAIT UNTIL clock ='1'

B. WAIT UNTIL rising_edge(clock)

C. WAIT UNTIL clock'STABLE AND clock ='1'

D. WAIT UNTIL clock ='1' AND clock'EVENT

(10) 一个过程的调用步骤中，不包含________。

A. 将 IN 和 INOUT 模式的实参值赋给欲调用的过程中与它们对应的形参

B. 返还一个指定数据类型的值

C. 执行这个过程

D. 将过程中 IN 和 INOUT 模式的形参值返回给对应的实参

(11) 编写包含以下端口的实体代码：DIN 为 10 位输入总线，OE 和 CLK 都是 1 位输入，ADINOUT 为 8 位双向总线，DOUT 为 10 位输出总线，DDO 是 1 位输出，BUFFERIO 是一位输出同时被用作内部反馈。

(12) 写出如图 12.54 所示十进制加法计数器 CNT10 的 VHDL 语言源程序。要求具有如下功能。

① 实现十进制加法计数，计到 9 时产生低电平进位输出，CLK 上升沿触发。

② 具有使能控制功能，当 CS=0 时，禁止计数；当 CS=1 时，允许计数。

③ 具有异步清零功能。

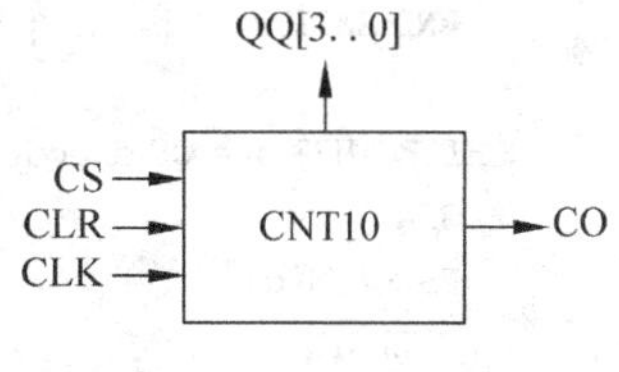

图 12.54　(12)题图

(13) 下面是一个简单的 VHDL 描述，请画出其实体(ENTITY)所对应的原理图符号和结构体(ARCHITECTURE)所对应的电路原理图：

```
ENTITY nand IS
   PORT( a: IN STD_LOGIC;
         b: IN STD_LOGIC;
         c: IN STD_LOGIC;
        q1: OUT STD_LOGIC;
        q2: OUT STD_LOGIC);
END nand;

ARCHITECTURE one OF nand IS
BEGIN
      q1 <= NOT(a AND b);
      q2 <= NOT(c AND b);
END one;
```

(14) 试用结构描述法写出如图 12.55 所示译码器的 VHDL 源程序 decoder.vhd。

(15) 一个逻辑器件 VHDL 程序如下所示，试指出这是什么逻辑器件，并写出其真值表。

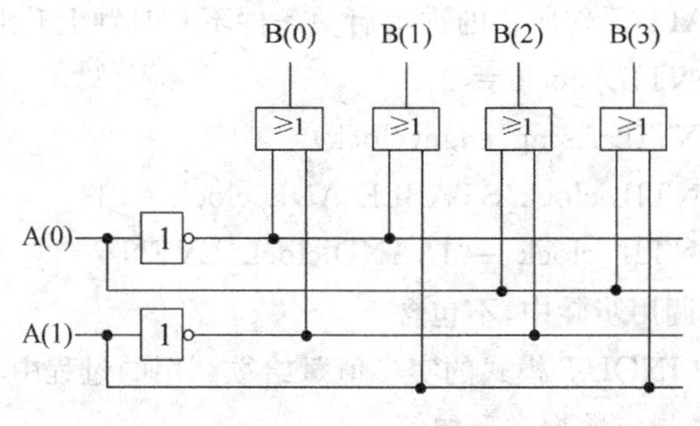

图 12.55 (14)题图

```
LIBRARY IEEE;
USE IEEE.STD_LOGIC_1164.ALL;

ENTITY encode IS
  PORT (d: IN STD_LOGIC_VECTOR(7 DOWNTO 0);
        z: OUT STD_LOGIC_VECTOR(2DOWNTO 0));
    END ENTITY;

ARCHITECTURE one OF encode IS
  BEGIN
    PROCESS(d)
      BEGIN
        IF (d(7) = '0') THEN z<= "000" ;
        ELSIF(d(6) = '0')THEN z<= "001";
        ELSIF(d(5) = '0')THEN z<= "010";
        ELSIF(d(4) = '0')THEN z<= "011";
        ELSIF(d(3) = '0')THEN z<= "100";
        ELSIF(d(2) = '0')THEN z<= "101";
        ELSIF(d(1) = '0')THEN z<= "110";
        ELSE z<= "111";
        END IF;
      END PROCESS;
    END;
```

(16) 8位右移寄存器 SHREG 如图 12.56 所示，CLK 为移位时钟信号，上升沿触发，DIN 是串行数据输入端口。QB 为移位寄存器并行输出端。写出其 VHDL 语言程序。

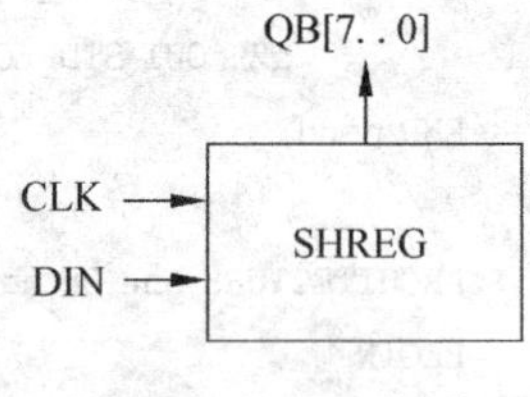

图 12.56 (16)题图

(17) 如何设计状态机来控制 ADC0809?

(18) 如何设计状态机来控制 DAC0832?

12.6 思考题

(1) 设计篮球竞赛 30s 计时器。要求：

① 具有显示 30s 计时功能。

② 设置外部操作开关，控制计时器直接清零，启动和暂停/连续功能。

③ 计时器为 30s 递减计时，计时间隔为 1s，计到零时停止。

(2) 设计彩灯循环显示控制电路。假设彩灯用 8 个发光二极管代替。要求：

① 设置外部操作开关，它具有控制彩灯亮点的右移、左移、全亮及全灭功能。

② 亮点移动的规律是二亮二灭右移或左移。

③ 彩灯亮点移动时间间隔取 1s 为宜。

(3) 设计一个主干道和支干道十字路口的交通灯控制系统。十字路口的示意图如图 12.57 所示。在主干道和支干道两个方向上都安装红、黄、绿三色信号灯。Cx 和 Cy 分别是安装在主干道和支干道上的传感器，输出高电平说明有车需要通过。技术要求如下。

① 如果只有一个方向有车时，则保持该方向畅通；当两个方向都有车时，主干道和支干道交替通行。

② 在只有主干道有车时，主干道亮绿灯，支干道亮红灯；当只有支干道有车时，主干道亮红灯，支干道亮绿灯。

③ 当两个方向都有车时，则轮流亮绿灯和红灯。主干道每次亮绿灯 40s，支干道每次亮绿灯 20s，在由绿灯转红灯之间亮 5s 的黄灯。

图 12.58 所示为交通灯控制系统的结构框图。控制系统由控制器和定时器两部分组成，定时器用于亮灯时间控制。CNT 是定时的值，LD 是定时值的同步预置信号，高电平有效。ST 是定时器状态信号，当定时结束时，ST 输出为 1。clk 是周期为秒的时钟信号，reset 是复位信号，低电平有效。

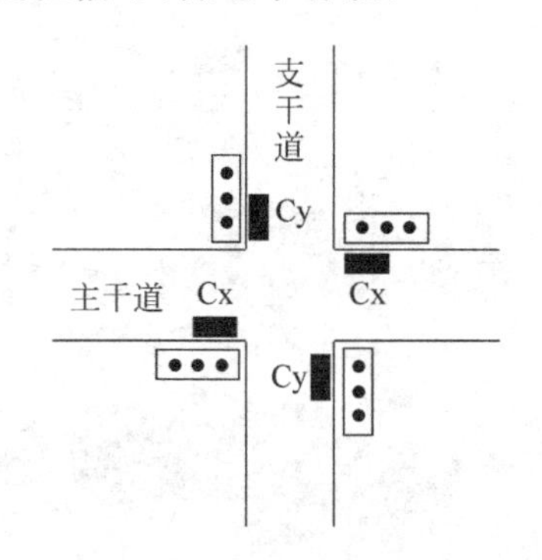

图 12.57　十字路口示意图

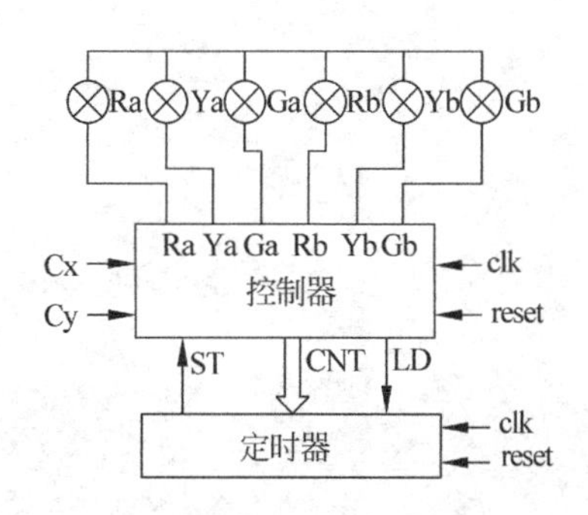

图 12.58　交通灯控制系统结构图

根据交通灯控制系统的技术要求和结构图，完成以下内容。

① 画出控制器的 ASM 图。

② 用 VHDL 语言对控制器和定时器进行描述。

③ 设计交通灯控制系统的顶层原理图。

④ 在 EDA 实验板上验证通过。

(4) 设计一可预置数定时器，其原理框图如图 12.59 所示，要求：

① 定时范围 0～99s。

② 当 K1=0 时，LED1 亮，系统进入预置数状态，并可通过 K2、K3 分别对定时器个位和十位置数。

③ 当 K1=1 时，LED2 亮，系统进入定时状态，定时器从预置数开始每秒钟减 1，到 0 止。

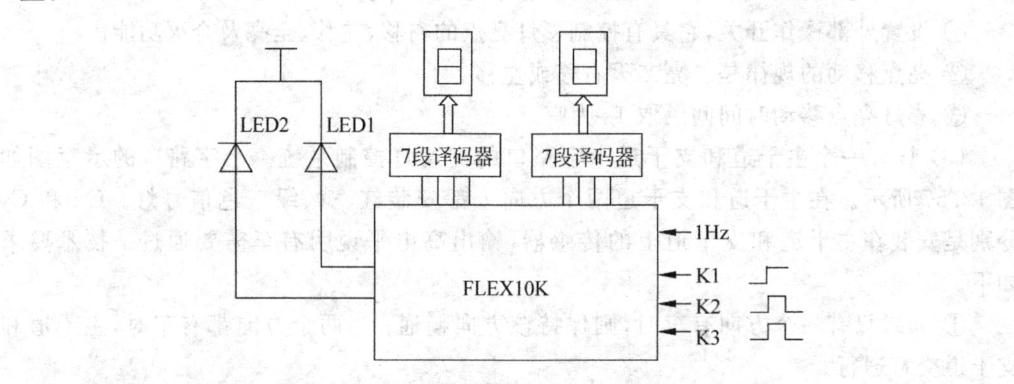

图 12.59 可预置数定时器原理框图

附录 A

示波器原理及使用

A.1　示波器的基本结构

示波器的种类很多，但它们都包含下列基本组成部分，如图 A.1 所示。

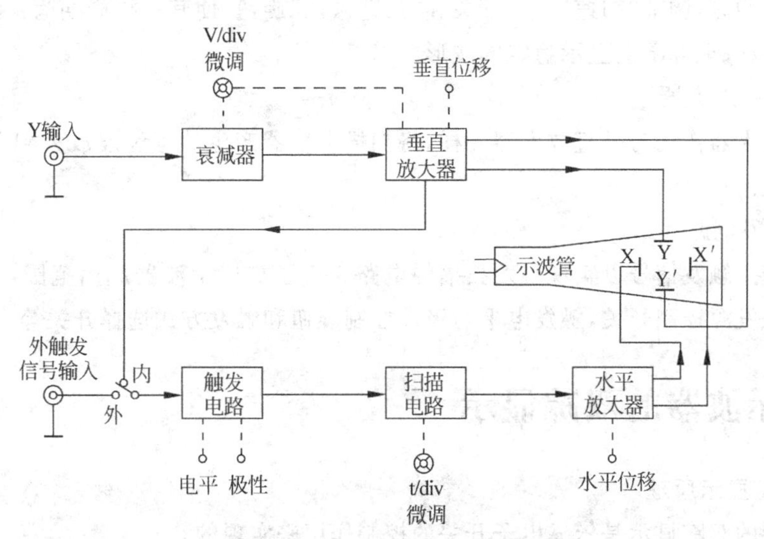

图 A.1　示波器的基本结构框图

1. 主机

主机包括示波管及其所需的各种直流供电电路，在面板上的控制旋钮有辉度、聚焦、水平移位、垂直移位等。

2. 垂直通道

垂直通道主要用来控制电子束按被测信号的幅值大小在垂直方向上的偏移。

垂直通道包括 Y 轴衰减器，Y 轴放大器和配用的高频探头。通常示波管的偏转灵敏度比较低，因此在一般情况下，被测信号往往需要通过 Y 轴放大器放大后加到垂直偏转板上，才能在屏幕上显示出一定幅度的波形。Y 轴放大器的作用提高了示波管 Y 轴偏转灵敏度。为了保证 Y 轴放大不失真，加到 Y 轴放大器的信号不宜太大，但是实际的被测信号幅度往往在很大范围内变化，此 Y 轴放大器前还必须加一 Y 轴衰减器，以适应观察不同幅度的被测信号。示波器面板上设有“Y 轴衰减器”(通常称“Y 轴灵敏度选择”开关)和“Y 轴增益微调”旋钮，分别调节 Y 轴衰减器的衰减量和 Y 轴放大器的增益。

对 Y 轴放大器的要求是：增益大，频响好，输入阻抗高。

为了避免杂散信号的干扰，被测信号一般都通过同轴电缆或带有探头的同轴电缆加到示波器 Y 轴输入端。但必须注意，被测信号通过探头时，幅值将衰减(或不衰减)，其衰减比为 10∶1(或 1∶1)。

3. 水平通道

水平通道主要是控制电子束按时间值在水平方向上的偏移。

水平通道主要由扫描发生器、水平放大器、触发电路组成。

(1) 扫描发生器

扫描发生器又叫锯齿波发生器，用来产生频率调节范围宽的锯齿波，作为 X 轴偏转板的扫描电压。锯齿波的频率(或周期)调节是由“扫描速率”选择开关和“扫速微调”旋钮控制的。使用时，调节“扫速速率”开关和“扫速微调”旋钮，使其扫描周期为被测信号周期的整数倍，以保证屏幕上显示稳定的波形。

(2) 水平放大器

水平放大器作用与垂直放大器一样，将扫描发生器产生的锯齿波放大到 X 轴偏转板的所需数值。

(3) 触发电路

用于产生触发信号以实现触发扫描的电路。为了扩展示波器应用范围，一般示波器上都设有触发源控制开关，触发电平与极性控制旋钮和触发方式选择开关等。

A.2 示波器的双踪显示

1. 双踪显示原理

示波器的双踪显示是依靠电子开关的控制作用来实现的。

电子开关由“显示方式”开关控制，共有 5 种工作状态，即 Y1、Y2、Y1＋Y2、交替、断续。当开关置于“交替”或“断续”位置时，荧光屏上便可同时显示两个波形。

当开关置于“交替”位置时，电子开关的转换频率受扫描系统控制，工作过程如图 A.2 所示。即电子开关首先接通 Y2 通道，进行第一次扫描，显示由 Y2 通道送入的被测信号的波形；然后电子开关接通 Y1 通道，进行第二次扫描，显示由 Y1 通道送入的被测信号的波形；接着再接通 Y2 通道……这样便轮流地对 Y2 和 Y1 两通道送入的信号进行扫描、显示，由于电子开关转换速度较快，每次扫描的回扫线在荧光屏上不会显示出来，借助于荧光屏的余辉作用和人眼的视觉暂留特性，使用者便能在荧光屏上同时观察到两个清晰的波形。这种工作方式适宜于观察频率较高的输入信号场合。

当开关置于“断续”位置时，相当于将一次扫描分成许多个相等的时间间隔。在第一次扫描的第一个时间间隔内显示 Y2 信号波形的某一段；在第二个时间时隔内显示 Y1 信号波形的某一段；以后各个时间间隔轮流地显示 Y2、Y1 两信号波形的其余段，经过若干次断续转换，使荧光屏上显示出两个由光点组成的完整波形，如图 A.3(a)所示。由于转换的频率很高，光点靠得很近，其间隙用肉眼几乎分辨不出，再利用消隐的方法使两通道间转换过程的过渡线不显示出来，如图 A.3(b)所示，因而同样可达到同时清晰地显示两个波形的目的。这种工作方式适合输入信号频率较低时使用。

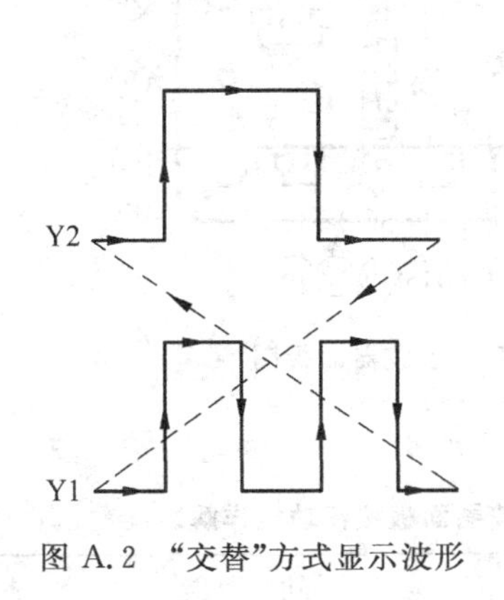

图 A.2　“交替”方式显示波形

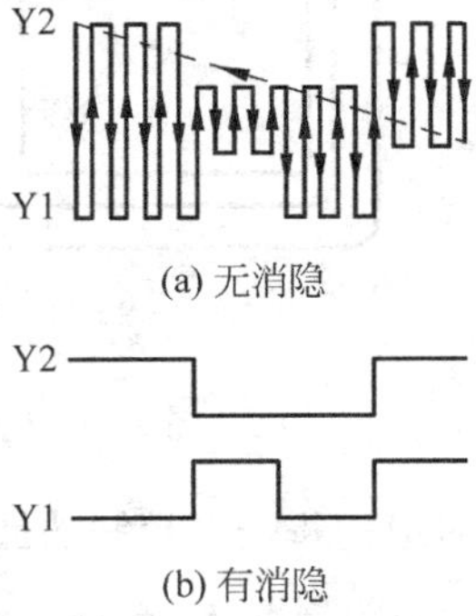

(a) 无消隐

(b) 有消隐

图 A.3　“断续”方式显示波形

2. 触发扫描

在普通示波器中，X 轴的扫描总是连续进行的，称为“连续扫描”。为了能更好地观测各种脉冲波形，在脉冲示波器中，通常采用“触发扫描”。采用这种扫描方式时，扫描发生器将工作在待触发状态。它仅在外加触发信号的作用下，时基信号才开始扫描，否则便不扫描。这个外加触发信号通过触发选择开关分别取自“内触发”(Y 轴的输入信号经由内触发放大器输出触发信号)和自“外触发”输入端的外接同步信号。其基本原理是利用这些触发脉冲信号的上升沿或下降沿来触发扫描发生器，产生锯齿波扫描电压，然后经 X 轴放大后送 X 轴偏转板进行光点扫描。适当地调节“扫描速率”开关和“电平”调节旋钮，能方便地在荧光屏上显示具有合适宽度的被测信号波形。

上面介绍了示波器的基本结构，下面将结合使用介绍电子技术实验中常用的 CA8020 型双踪示波器。

A.3　CA8020 型双踪示波器

1. 概述

CA8020 型示波器为便携式双通道示波器，其垂直系统具有 0～20MHz 的频带宽度和 5mV/div～5V/div 的偏转灵敏度，配以 10∶1 探极，灵敏度可达 5V/div。它在全频带范围内可获得稳定触发，触发方式设有常态、自动、TV 和峰值自动，其中峰值自动给使用带来了极大的方便。内触设置了交替触发，可以稳定地显示两个频率不相关的信号。本机水平系统具有 0.5s/div～0.2μs/div 的扫描速度，并设有扩展×10，可将最快扫描速度提高到 20ns/div。

2. 面板控制件介绍

CA8020 型双踪示波器面板图如图 A.4 所示。

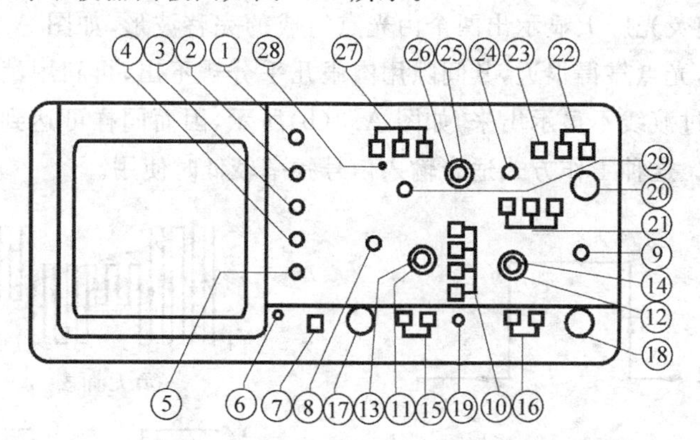

图 A.4 CA8020 型双踪示波器面板图

图 A.4 中对应的每一个控制功能如表 A.1 所示。

表 A.1 CA8020 型双踪示波器面板按钮功能详解表

序号	控制件名称	功　能
①	亮度	调节光迹的亮度
②	辅助聚焦	与聚焦配合,调节光迹的清晰度
③	聚焦	调节光迹的清晰度
④	迹线旋转	调节光迹与水平刻度线平行
⑤	校正信号	提供幅度为 0.5V,频率为 1kHz 的方波信号,用于校正 10∶1 探极的补偿电容器和检测示波器垂直与水平的偏转因数
⑥	电源指示	电源接通时,灯亮
⑦	电源开关	电源接通或关闭
⑧	CH1 移位 PULL CH1－X CH2－Y	调节通道 1 光迹在屏幕上的垂直位置,用作 X－Y 显示
⑨	CH2 移位 PULL INVERT	调节通道 2 光迹在屏幕上的垂直位置,在 ADD 方式时使 CH1＋CH2 或 CH1－CH2
⑩	垂直方式	CH1 或 CH2：通道 1 或通道 2 单独显示 ALT：两个通道交替显示 CHOP：两个通道断续显示,用于扫速较慢时的双踪显示 ADD：用于两个通道的代数和或差
⑪	垂直衰减器	调节垂直偏转灵敏度
⑫	垂直衰减器	调节垂直偏转灵敏度
⑬	微调	用于连续调节垂直偏转灵敏度,顺时针旋足为校正位置
⑭	微调	用于连续调节垂直偏转灵敏度,顺时针旋足为校正位置
⑮	耦合方式(AC-DC-GND)	用于选择被测信号馈入垂直通道的耦合方式
⑯	耦合方式(AC-DC-GND)	用于选择被测信号馈入垂直通道的耦合方式

续表

序号	控制件名称	功 能
⑰	CH1 OR X	被测信号的输入插座
⑱	CH2 OR Y	被测信号的输入插座
⑲	接地(GND)	与机壳相连的接地端
⑳	外触发输入	外触发输入插座
㉑	内触发源	用于选择 CH1、CH2 或交替触发
㉒	触发源选择	用于选择触发源为 INT(内)、EXT(外)或 LINE(电源)
㉓	触发极性	用于选择信号的上升或下降沿触发扫描
㉔	电平	用于调节被测信号在某一电平触发扫描
㉕	微调	用于连续调节扫描速度,顺时针旋足为校正位置
㉖	扫描速率	用于调节扫描速度
㉗	触发方式	常态(NORM):无信号时,屏幕上无显示;有信号时,与电平控制配合显示稳定波形。 自动(AUTO):无信号时,屏幕上显示光迹;有信号时,与电平控制配合显示稳定波形。 电视场(TV):用于显示电视场信号。 峰值自动(P-P AUTO):无信号时,屏幕上显示光迹;有信号时,无须调节电平即能获得稳定波形显示
㉘	触发指示	在触发扫描时,指示灯亮
㉙	水平移位 PULL×10	调节迹线在屏幕上的水平位置,拉出时扫描速度被扩展 10 倍

3. 操作方法

(1) 电源检查

CA8020 双踪示波器的电源电压为(220±22)V。接通电源前,应检查当地的电源电压,如果不相符合,则禁止使用!

(2) 面板一般功能检查

① 将有关控制件按表 A.2 置位。

表 A.2 示波器功能按钮初始位置

控制件名称	作用位置	控制件名称	作用位置
亮度	居中	触发方式	峰值自动
聚焦	居中	扫描速率	0.5ms/div
位移	居中	极性	正
垂直方式	CH1	触发源	INT
灵敏度选择	10mV/div	内触发源	CH1
微调	校正位置	输入耦合	AC

② 接通电源,电源指示灯亮,稍预热后,屏幕上出现扫描光迹,分别调节亮度、聚焦、辅助聚焦、迹线旋转、垂直、水平移位等控制件,使光迹清晰并与水平刻度平行。

③ 用 10∶1 探极将校正信号输入至 CH1 输入插座。

④ 调节示波器有关控制件，使荧光屏上显示稳定且易观察的方波波形。

⑤ 将探极换至 CH2 输入插座，垂直方式置于 CH2，内触发源置于 CH2，重复④操作。

(3) 垂直系统的操作

① 垂直方式的选择。当只需观察一路信号时，将“垂直方式”开关置 CH1 或 CH2，此时被选中的通道有效，被测信号可从通道端口输入。当需要同时观察两路信号时，将“垂直方式”开关置“交替”，该方式使两个通道的信号被交替显示，交替显示的频率受扫描周期控制。当扫速低于一定频率时，交替方式显示会出现闪烁，此时应将开关置于“断续”位置。当需要观察两路信号的代数和时，将“垂直方式”开关置于“代数和”位置，在选择这种方式时，两个通道的衰减设置必须一致，CH2 移位处于常态时为 CH1＋CH2，CH2 移位拉出时为 CH1－CH2。

② 输入耦合方式的选择。直流(DC)耦合：适用于观察包含直流成分的被测信号，如信号的逻辑电平和静态信号的直流电平，当被测信号的频率很低时，也必须采用这种方式。交流(AC)耦合：信号中的直流分量被隔断，用于观察信号的交流分量，如观察较高直流电平上的小信号。接地(GND)：通道输入端接地(输入信号断开)，用于确定输入为零时光迹所处的位置。

③ 灵敏度选择(V/div)的设定。按被测信号幅值的大小选择合适挡级。“灵敏度选择”开关外旋钮为粗调，中心旋钮为细调(微调)，微调旋钮按顺时针方向旋足至校正位置时，可根据粗调旋钮的示值(V/div)和波形在垂直轴方向上的格数读出被测信号幅值。

(4) 触发源的选择

① 选择触发源。

当触发源开关置于“电源”触发时，机内 50Hz 信号输入到触发电路。当触发源开关置于“常态”触发时，有两种选择，一种是“外触发”，由面板上外触发输入插座输入触发信号；另一种是“内触发”，由内触发源选择开关控制。

② 选择内触发源。

CH1 触发：触发源取自通道 1。

CH2 触发：触发源取自通道 2。

“交替触发”：触发源受垂直方式开关控制，当垂直方式开关置于 CH1 时，触发源自动切换到通道 1；当垂直方式开关置于 CH2 时，触发源自动切换到通道 2；当垂直方式开关置于“交替”时，触发源与通道 1、通道 2 同步切换，在这种状态使用时，两个不相关的信号频率不应相差很大，同时垂直输入耦合应置于 AC，触发方式应置于“自动”或“常态”。当垂直方式开关置于“断续”和“代数和”时，内触发源选择应置于 CH1 或 CH2。

(5) 水平系统的操作

① 设定扫描速度选择(t/div)。

按被测信号的频率高低选择合适挡级，“扫描速率”开关外旋钮为粗调，中心旋钮为细调(微调)，微调旋钮按顺时针方向旋足至校正位置时，可根据粗调旋钮的示值(t/div)和波形在水平轴方向上的格数读出被测信号的时间参数。当需要观察波形某一个细节时，可进行水平扩展×10，此时原波形在水平轴方向上被扩展 10 倍。

② 选择触发方式。

“常态”：无信号输入时，屏幕上无光迹显示；有信号输入时，触发电平调节在合适的位置上，电路被触发扫描。当被测信号频率低于20Hz时，必须选择这种方式。

“自动”：无信号输入时，屏幕上有光迹显示；一旦有信号输入时，电平调节在合适的位置上，电路自动转换到触发扫描状态，显示稳定的波形，当被测信号频率高于20Hz时，常用这种方式。

“电视场”：对电视信号中的场信号进行同步，如果是正极性，则可以由CH2输入，借助于CH2移位拉出，把正极性转变为负极性后测量。

“峰值自动”：这种方式同自动方式，但无须调节电平即能同步，它一般适用于正弦波、对称方波或占空比相差不大的脉冲波。对于频率较高的测试信号，有时也要借助于电平调节，它的触发同步灵敏度要比“常态”或“自动”稍低一些。

③ 选择“极性”。

用于选择被测试信号的上升沿或下降沿去触发扫描。

④ 选择“电平”的位置。

用于调节被测信号在某一合适的电平上启动扫描，当产生触发扫描后，触发指示灯亮。

4. 测量电参数

(1) 电压的测量

示波器的电压测量实际上是对所显示波形的幅度进行测量，测量时应使被测波形稳定地显示在荧光屏中央，幅度一般不宜超过6div，以避免非线性失真造成的测量误差。

① 测量交流电压。

步骤一：将信号输入至CH1或CH2插座，将垂直方式置于被选用的通道。

步骤二：将Y轴“灵敏度微调”旋钮置校准位置，调整示波器有关控制件，使荧光屏上显示稳定、易观察的波形，则交流电压幅值为

$$V_{p\text{-}p}=\text{垂直方向格数(div)}\times\text{垂直偏转因数(V/div)}$$

② 测量直流电平。

步骤一：设置面板控制件，使屏幕显示扫描基线。

步骤二：设置被选用通道的输入耦合方式为GND。

步骤三：调节垂直移位，将扫描基线调至合适位置，作为零电平基准线。

步骤四：将“灵敏度微调”旋钮置校准位置，输入耦合方式置DC，被测电平由相应Y输入端输入，这时扫描基线将偏移，读出扫描基线在垂直方向偏移的格数(div)，则被测电平为

$$V=\text{垂直方向偏移格数(div)}\times\text{垂直偏转因数(V/div)}\times\text{偏转方向(+或-)}$$

式中，基线向上偏移取正号，基线向下偏移取负号。

(2) 时间测量

时间测量是指对脉冲波形的宽度、周期、边沿时间及两个信号波形间的时间间隔(相位差)等参数的测量。一般要求被测部分在荧光屏X轴方向应占4～6div。

① 测量时间间隔。

对于一个波形中两点间的时间间隔的测量，测量时先将“扫描微调”旋钮置校准位置，调整示波器有关控制件，使荧光屏上波形在X轴方向大小适中，读出波形中需测量两点间水平方向格数，则时间间隔为

$$\text{时间间隔} = \text{两点之间水平方向格数(div)} \times \text{扫描时间因数(t/div)}$$

② 测量脉冲边沿时间。

上升(或下降)时间的测量方法和时间间隔的测量方法一样，只不过是测量被测波形满幅度的10%和90%两点之间的水平方向距离，如图A.5所示。

用示波器观察脉冲波形的上升边沿、下降边沿时，必须合理选择示波器的触发极性(用触发极性开关控制)。显示波形的上升边沿用“+”极性触发，显示波形下降边沿用“−”极性触发。若波形的上升沿或下降沿较快，则可将水平扩展×10，使波形在水平方向上扩展10倍，则上升(或下降)时间为

$$\text{上升(或下降)时间} = \frac{\text{水平方向格数(div)} \times \text{扫描时间因数(t/div)}}{\text{水平扩展倍数}}$$

(3) 相位差的测量

① 参考信号和一个待比较信号分别馈入CH1和CH2输入插座。

② 根据信号频率，将垂直方式置于“交替”或“断续”。

③ 设置内触发源至参考信号所在的那个通道。

④ 将CH1和CH2输入耦合方式置“⊥”，调节CH1、CH2移位旋钮，使两条扫描基线重合。

⑤ 将CH1、CH2耦合方式开关置AC，调整有关控制件，使荧光屏显示大小适中、便于观察的两路信号，如图A.6所示。读出两波形水平方向差距格数D及信号周期所占格数T，则相位差为

$$\theta = \frac{D}{T} \times 360^\circ$$

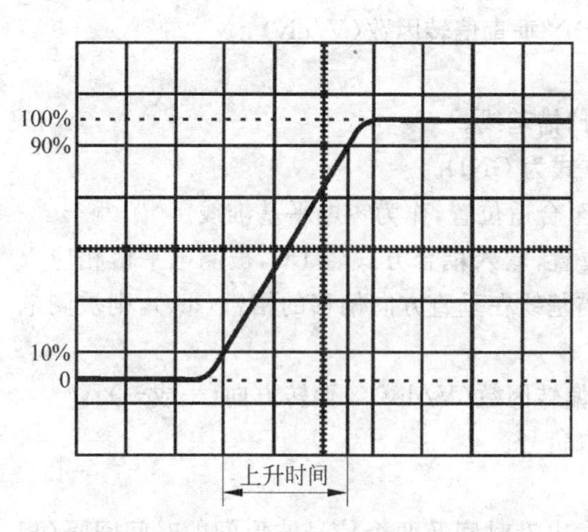

图A.5 上升时间的测量

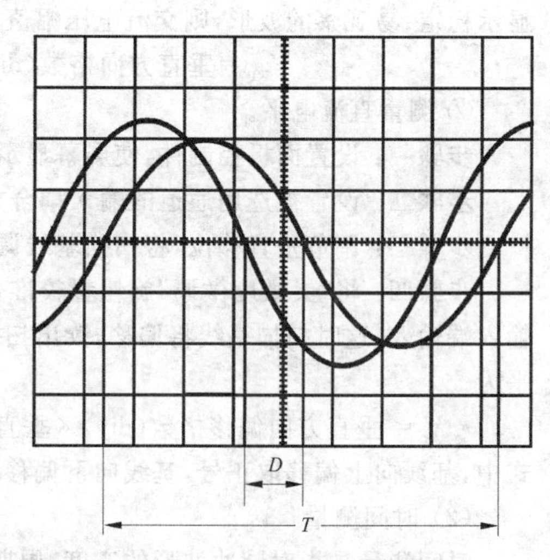

图A.6 相位差的测量

附录 B

AS1910/AS1911 数字交流毫伏表

B.1 概述

数显交流毫伏表内部带有大规模集成电路和微处理器芯片，面板上各键的操作、状态的切换、内部电路的控制、数据的大量运算等均利用单片机技术来处理，并将测量的结果和当前的状态通过数码管与发光二极管清晰地显示在面板上。关机前，把最后设置的状态作储存，在下次开机时，恢复上次设置的状态。

数显交流毫伏表系列有 AS1910 双输入单通道单显示数字交流毫伏表和 AS1911 双通道双显示数字交流毫伏表两种，它们均具有测量的电压频率范围宽，测量电压的灵敏度高，本机噪声低，测量误差小(整机工作误差≤1.5%典型值)的优点，并具有相当好的线性度和隔离度。由于是数字显示，读数直接，且读数的精度高，避免了指针式毫伏表读数时的麻烦和视觉误差。另外，量程设置分别有手动挡和自动挡，显示测量结果有电压有效值、dB 值、dBm 值，可随意选择。AS1910 有两个输入端口，可通过轻触按钮方便地进行端口的切换。AS1911 有两个显示窗口，可同时测量和显示两个端口的数据。另外，它们都具有一个独特的功能，即按下一个特制的轻触按钮，直接读出两个端口的 dB 差值，省去许多人为的计算。此功能对测量放大器的放大倍数显得尤为方便。

B.2 技术参数

(1) 测量电压范围：4mV、40mV、400mV、4V、40V、400V，6 挡量程，4 位 LED 显示。

(2) 测量电压频率范围：5Hz～2MHz。

(3) 测量电平范围：－90～＋52dB (0dB＝1V)，－88～＋54dBm(0dBm＝0.775V)。

(4) 固有误差(在基准工作条件下)如下。

① 电压测量误差：满度值±1%±8 个字。

② 频率影响误差：(20Hz～1MHz)±2%，(5Hz～2MHz)±3%。

(5) 工作误差如下。

① 电压测量误差：满度值±1%±8 个字。

② 频率影响误差：(20Hz～1MHz)±2%，(5Hz～2MHz)±5%。

(6) 噪声电压在输入端良好短路时≤2 个字。

(7) 两通道之间的隔离度>100dB(1kHz)。

(8) 输入特性如下。

输入电阻：在 1kHz 时约 2MΩ。

输入电容：≤40pF(不包括电缆线)。

(9) 输出特性如下。

① 开路输出电压：满度值时 400$mV_{p\text{-}p}$。

② 输出阻抗：约 1kΩ。

③ 失真≤5%。

(10) 正常工作条件如下。

① 环境温度：0～40℃。

② 相对湿度：40%～80%。

③ 大气压力：86～106kPa。

④ 电源电压：(～220±22)V，(50±2)Hz。

⑤ 电源功率：10W。

(11) 外形尺寸(w×d×h)mm：240mm×240mm×88mm(卧式)。

(12) 质量：约 2.5kg。

B.3 工作原理

AS1910 由一组放大板与控制板组成，AS1911 由两组放大板与控制板组成，两者的内部电路分为输入衰减器、前置放大器、电子衰减器、主放大器、线性检波电路、输出放大器、电源及控制电路、A/D 转换、面板键控制、面板显示电路，其方框图如图 B.1 所示。

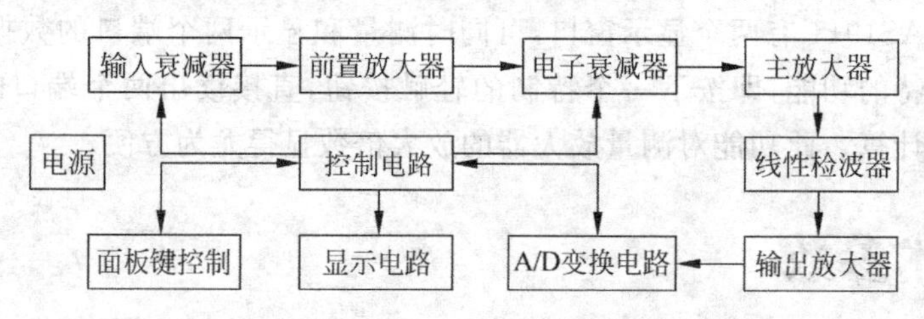

图 B.1 AS1910/AS1911 内部电路框图

前置放大器由高输入阻抗及低输出阻抗的复合放大器电路构成，由于采用了低噪声器件及工艺措施，具有较小的本机噪声，输入端还接有过载保护电路。

电子衰减器由集成电路构成，由控制电路控制，因此具有较高的可靠性及长期工作的稳定性。

主放大器由几级宽带低噪声、无相移放大器电路组成，由于采用深度负反馈，因此电路稳定可靠。

线性检波电路是一个宽带线性检波电路，由于采用了特殊的电路，可以使检波线性达到理想线性化。

AS1910 的 A/D 转换电路是一片 12b 积分式大规模集成电路,转换数据稳定可靠且精度高;AS1911 采用两片最新的低功耗串行 A/D 转换电路,转换速度快,两通道的隔离度好。

控制电路根据用户输入键的状态和数据去控制衰减器、A/D 转换电路,并将经过 CPU 运算的数据准确地送入显示电路。

显示电路由一组(AS1910)或两组(AS1911)4 位数码管和发光二极管将测量结果及当前的状态在面板上清晰、直观地显示出来。

B.4 使用方法

开机之前准备工作及注意事项如下。

① 测量 30V 以上的电压时,需注意安全。

② 所测交流电压中的直流分量不得大于 100V。

1. AS1910 前面板各操作按钮及输入输出插座说明

AS1910 的前面板如图 B.2 所示,其各个旋钮的功能及说明如下。

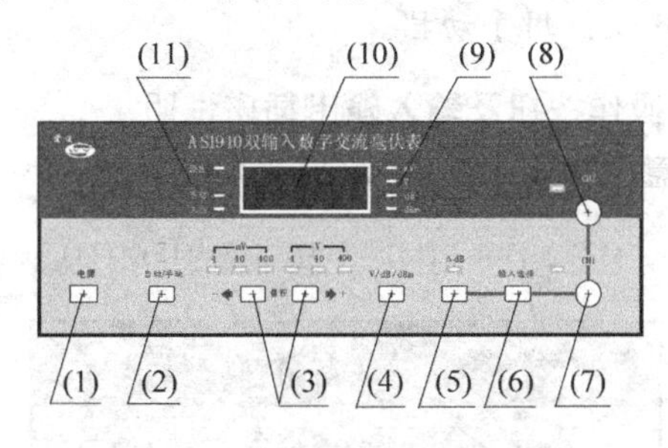

图 B.2 AS1910 前面板示意图

(1)为电源开关。

(2)为量程自动/手动按钮:每按一下,量程在自动与手动中切换,并伴有相应的发光管提示。

(3)为量程左、右按钮:在量程手动挡时,按左右键,选择最佳量程挡级;在量程自动挡时,无须按此组按钮,自动选择最佳量程挡级。

(4)为显示结果按钮:每按一下,显示结果在 V→dB→dBm→V 中循环选择。

(5)为 ΔdB 按钮:当需读出 ΔdB 时,须经过以下三步。

第一步:按一下此按钮,此时 ΔdB 灯闪烁同时 CH1 灯亮,在 CH1 插座中输入要测的第一个数据。

第二步:按一下此按钮,记忆了第一次测量的数据,此时 ΔdB 灯闪烁同时 CH2 灯亮,在 CH2 插座中输入要测的第二个数据。

第三步:按一下按钮,记忆了第二次测量的数据,此时 ΔdB 灯、CH1 灯和 CH2 灯常亮,此时显示窗显示的数据即为 CH1 和 CH2 输入的 dB 差值,且处于保持状态。

注意：

① 当显示的 ΔdB 为正值时，说明 CH1 的电压大于 CH2 的电压。

② 当显示的 ΔdB 为负值时，说明 CH1 的电压小于 CH2 的电压。

③ 当需恢复一般测量时，再按一下 ΔdB 按钮，此时 ΔdB 灯不亮，进入一般测试。

(6)为输入选择按钮：通过此按钮，可在 CH1 和 CH2 通道中切换。

(7)为 CH1 输入插座。

(8)为 CH2 输入插座。

(9)显示测量单位。

(10)显示测量结果。

(11)为溢出、自动、手动指示灯。

当测量的电压数据大于 4000 时，溢出灯闪烁，建议扩大量程。

当测量的电压数据超出该量程挡级的最高值 4095 时，溢出灯闪烁，提示扩大量程并显示全 8。

当测量的电压数据小于 390 时，手动灯闪烁，建议减小量程。

当测量的电压数据等于 0 时，换算成分贝无意义，数码管闪烁显示。

注意：在自动挡时，量程将自动变化，无须人为手动，只有当处于二挡级的临界区时，会发生在二挡级间跳动，建议使用手动挡。

2. AS1911 前面板各操作按钮及输入输出插座说明

AS1911 的前面板示意图如图 B.3 所示，其各旋钮功能及说明如下。

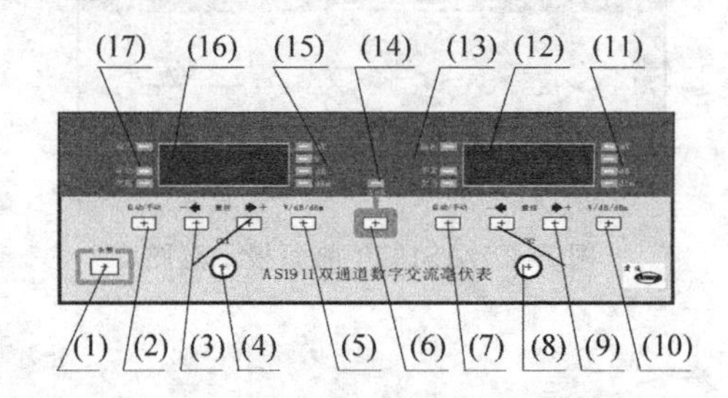

图 B.3　AS1911 前面板示意图

(1)为电源开关。

(2)为 CH1 通道的量程自动/手动按钮：每按一下，量程在自动与手动中切换，手动挡有发光管提示。

(3)为 CH1 通道的量程左、右按钮：在量程手动挡时，按左右键，选择最佳量程挡级；在量程自动挡时，无须按此组按钮，自动选择最佳量程挡级。

(4)为 CH1 通道的输入插座。

(5)为 CH1 通道的显示结果按钮：每按一下，显示结果在 V→dB→dBm→V 中循环选择。

(6)为 ΔdB 按钮：当需读出两通道间的差值时，只要按一下此键，显示窗将直接显示经过运算的结果。

注意：

① 当显示的 ΔdB 为正值时，说明 CH1 的电压大于 CH2 的电压。

② 当显示的 ΔdB 为负值时，说明 CH1 的电压小于 CH2 的电压。

③ 当需恢复一般测量时，再按一下 ΔdB 按钮，此时 ΔdB 灯不亮，进入一般测试。

(7)为 CH2 通道的量程自动/手动按钮：每按一下，量程在自动与手动中切换，手动挡有发光管提示。

(8)为 CH2 通道的输入插座。

(9)为 CH2 通道的量程左、右按钮：在量程手动挡时，按左右键，选择最佳量程挡级；在量程自动挡时，无须按此组按钮，自动选择最佳量程挡级。

(10)为 CH2 通道的显示结果按钮：每按一下，显示结果在 V→dB→dBm→V 中循环选择。

(11)为显示 CH2 的测量单位指示灯。

(12)为显示 CH2 的测量结果窗口。

(13)为显示 CH2 的溢出、手动、欠压指示灯。

(14)为显示测量 ΔdB 的指示灯。

在读出 ΔdB 值时，该指示灯亮。当某一通道测量的数值大于 4095 或等于 0 时，ΔdB 指示灯闪烁，同时显示窗显示 ΔdB＝Err。

(15)为显示 CH1 的测量单位指示灯。

(16)为显示 CH1 的测量结果窗口。

(17)为显示 CH1 的溢出、手动、欠压指示灯。

当测量的电压数据大于 4000 时，溢出灯闪烁，建议扩大量程。

当测量的电压数据超出该量程挡级的最高值 4095 时，溢出灯闪烁，提示扩大量程并显示全 8。

当测量的电压数据小于 390 时，欠压灯闪烁，建议减小量程。

当测量的电压数据等于 0 时，换算成分贝无意义，此时显示全 8。

注意：在手动挡时，手动指示灯亮；在自动挡时，量程将自动变化，无须人为手动，只有当处于两挡级的临界区时，会发生在两挡级间跳动，建议使用手动挡。

附录 C

F05A/F10A/F20A 型数字合成函数信号发生器

F05A/F10A/F20A 型数字合成函数信号发生器是一系列精密的测试仪器，具有输出函数信号、调频、调幅、FSK、PSK、猝发、频率扫描等功能。此外，该仪器还具有测频和计数的功能。

C.1 主要技术参数

1. 波形特性

主波形：正弦波、方波。

波形幅度分辨率：12bits。

采样速率：200Msa/s。

正弦波谐波失真：－50dBc(频率≤ 5MHz)，－45dBc(频率≤ 10MHz)，－40dBc(频率＞10MHz)。

正弦波失真度：≤0.2%(频率：20Hz～100kHz)。

方波升降时间：≤25ns(SPF05A ≤28ns)。

注：正弦波谐波失真、正弦波失真度、方波升降时间测试条件为输出幅度 $2V_{p\text{-}p}$(高阻)，环境温度(25±5)℃。

储存波形：正弦波、方波、脉冲波、三角波、锯齿波和阶梯波等 26 种波形，TTL 波形。

波形长度：4096 点。

脉冲波占空系数：1.0%～99.0%(频率≤10kHz)，10%～90%(频率 10～100kHz)。

脉冲波升降时间：≤1μs。

直流输出误差：≤±10%＋10mV(输出电压值范围 10mV～10V)。

TTL 波形输出：(F05A、F10A)。

输出频率：同主波形。

输出幅度：低电平＜0.5V，高电平＞2.5V。

输出阻抗：600Ω。

2. 频率特性

主波形频率范围：正弦波 1μHz～5MHz，方波 10Hz～5MHz(SPF05A 型)；

正弦波 1μHz～10MHz,方波 10Hz～10MHz(SPF10A 型)；
正弦波 1μHz～20MHz,方波 10Hz～20MHz(SPF20A 型)。

储存波形：1μHz～100kHz。

分辨率：1μHz。

频率误差：≤±5×10^{-4}。

频率稳定度：优于±5×10^{-5}。

3. 幅度特性

幅度范围：1mV～20V_{p-p}(高阻),0.5mV～10V_{p-p}(50Ω)。

最高分辨率：2μV_{p-p}(高阻),1μV_{p-p}(50Ω)。

幅度误差：≤±2%+1mV(频率 1kHz 正弦波)。

幅度稳定度：±1%/3 小时。

平坦度：±5%(频率≤5MHz 正弦波),±10%(频率>5MHz 正弦波),
±5%(频率≤50kHz 其他波形),±20%(频率>50kHz 其他波形)。

输出阻抗：50Ω。

幅度单位：V_{p-p},mV_{p-p},Vrms,mVrms,dBm。

4. 偏移特性

直流偏移(高阻)：±(10V－Vpk ac)。

最高分辨率：2μV(高阻),1μV(50Ω)。

偏移误差：≤±10%+20mV(高阻)。

5. 调幅特性

载波信号：波形为正弦波,频率范围同主波形。

调制方式：内或外。

调制信号：内部 5 种波形(正弦波、方波、三角波、升锯齿、降锯齿)或外输入信号。

调制信号频率：1Hz～20kHz(内部),100Hz～10kHz(外部)。

失真度：≤1%(调制信号频率 1kHz 正弦波)。

调制深度：1%～100%。

相对调制误差：≤±5%+0.5(调制信号频率 1kHz 正弦波)。

外输入信号幅度：3V_{p-p}(－1.5～+1.5V)。

6. 调频特性

载波信号：波形为正弦波,频率范围同主波形。

调制方式：内或外。

调制信号：内部 5 种波形(正弦波、方波、三角波、升锯齿、降锯齿)或外输入信号。

调制信号频率：1Hz～10kHz(内部),100Hz～10kHz(外部)。

频偏：调频最大频偏为载波频率的 50%,同时满足频偏加上载波频率不大于最高工作频率+100kHz。

失真度：≤1%(调制信号频率 1kHz 正弦波)。

相对调制误差：≤±5%设置值±50Hz(调制信号频率1kHz正弦波)。

外输入信号幅度：$3V_{p-p}$(－1.5～＋1.5V)。

FSK：频率1和频率2任意设定。

控制方式：内或外(外控TTL电平，低电平F1，高电平F2)。

交替速率：0.1ms～800s。

7. 调相特性

基本信号：波形为正弦波，频率范围同主波形。

PSK：相位1(P1)和相位2(P2)。

范围：0.1°～360.0°。

分辨率：0.1°。

交替时间间隔：0.1ms～800s。

控制方式：内或外(外控TTL电平，低电平P2，高电平P1)。

8. 猝发

基本信号：波形为正弦波，频率范围同主波形。

猝发计数：1～30000个周期。

猝发信号交替时间间隔：0.1ms～800s。

控制方式：内(自动)/外(单次手动按键触发、外输入TTL脉冲上升沿触发)。

9. 频率扫描特性

信号波形：正弦波。

扫描频率范围：扫描起始点频率到主波形频率范围。

扫描终止点频率：主波形频率范围。

扫描时间：1ms～800s(线性)，100ms～800s(对数)。

扫描步进时间：1ms～800s(步进扫描)。

扫描间歇时间：0ms～800s(步进扫描)。

扫描方式：线性扫描、对数扫描和步进扫描。

外触发信号频率：≤1kHz(线性)，≤10Hz(对数)。

控制方式：内(自动)/外(单次手动按键触发、外输入TTL脉冲上升沿触发)。

10. 调制信号输出

输出频率：1Hz～20kHz。

输出波形：正弦波、方波、三角波、升锯齿、降锯齿。

输出幅度：$5V_{p-p}$±5%(正弦波，频率≤10kHz)。

输出阻抗：600Ω。

11. 外标频输入

信号幅度：$3V_{p-p}$。

信号频率：10MHz。

12. 存储特性

存储参数：信号的频率值、幅度值、波形、直流偏移值、功能状态。

存储容量：10 个信号。

重现方式：全部存储信号用相应序号调出。

存储时间：十年以上。

13. 计算特性

在数据输入和显示时，既可以使用频率值也可以使用周期值，既可以使用幅度有效值也可以使用幅度峰峰值和 dBm 值。

14. 操作特性

除了数字键直接输入以外，还可以使用调节旋钮连续调整数据，操作方法可灵活选择。

C.2 主要功能使用说明

1. 仪器启动

按下面板上的电源按钮，电源接通。先闪烁显示“WELCOME”2 秒，再闪烁显示仪器型号例如“F05A-DDS”1 秒。之后根据系统功能中开机状态设置，进入“点频”功能状态，波形显示区显示当前波形“～”，频率为 10.00000000kHz；或者进入上次关机前的状态。

2. 数据输入

数据输入有两种方式。

(1) 数据键输入：十个数字键用来向显示区写入数据。写入方式为自左到右顺序写入，“●”用来输入小数点，如果数据区中已经有小数点，按此键不起作用。“－”用来输入负号，如果数据区中已经有负号，再按此键则取消负号。使用数据键只是把数据写入显示区，这时数据并没有生效，所以如果写入有错，可以按当前功能键，然后重新写入，对仪器输出信号没有影响。等到确认输入数据完全正确之后，按一次单位键，这时数据开始生效，仪器将根据显示区数据输出信号。数据的输入可以使用小数点和单位键任意搭配，仪器将会按照统一的形式将数据显示出来。

注意：用数字键输入数据必须输入单位，否则输入数值不起作用。

(2) 调节旋钮输入：调节旋钮可以对信号进行连续调节。按位移键“◀”“▶”使当前闪烁的数字左移或右移，这时顺时针转动旋钮，可使正在闪烁的数字连续加一，并能向高位进位。逆时针转动旋钮，可使正在闪烁的数字连续减一，并能向高位借位。使用旋钮输入数据时，数字改变后立即生效，不用再按单位键。闪烁的数字向左移动，可以对数据进行粗调，向右移动则可以进行细调。

当不需要使用旋钮时，可以用位移键“◀”“▶”使闪烁的数字消失，旋钮的转动就不再有效。

3. 功能选择

仪器开机后为“点频”功能模式，输出单一频率的波形，按“调频”“调幅”“扫描”“猝发”

“点频”FSK 和 PSK 可以分别实现 7 种功能模式。

4. 点频功能模式

点频功能模式指的是输出一些基本波形，如正弦波、方波、三角波、升锯齿波、降锯齿波和噪声等 27 种波形。对大多数波形可以设定频率、幅度和直流偏移。在其他功能时，可先按 Shift 键再按“点频”键来进入点频功能。

从点频转到其他功能，点频设置的参数就作为载波的参数；同样，在其他功能中设置载波的参数，转到点频后就作为点频的参数。例如，从点频转到调频，则点频中设置的参数就作为调频中载波的参数；从调频转到点频，则调频中设置的载波参数就作为点频中的参数。除点频功能模式外的其他功能模式中基本信号或载波的波形只能选择正弦波。

(1) 频率设定：按“频率”键，显示出当前频率值。可用数据键或调节旋钮输入频率值，这时仪器输出端口即有该频率的信号输出。点频频率设置范围为 1μHz～20MHz (SPF20A)。

例如，设定频率值 5.8kHz，按键顺序如下。

“频率”→“5”→“●”→“8”→“kHz”(可以用调节旋钮输入)

或者

“频率”→“5”→“8”→“0”→“0”→“Hz”(可以用调节旋钮输入)

显示区都显示 5.8000000kHz。

(2) 周期设定：信号的频率也可以用周期值的形式进行显示和输入。如果当前显示为频率，再按“频率/周期”键，显示出当前周期值，可用数据键或调节旋钮输入周期值。

例如，设定周期值 10ms，按键顺序如下。

“周期”→“1”→“0”→“ms”(可以用调节旋钮输入)

如果当前显示为周期，再按“频率/周期”键，可以显示出当前频率值；如果当前显示的既不是频率也不是周期，按“频率/周期”键，显示出当前点频频率值。

(3) 幅度设定：按“幅度”键，显示出当前幅度值。可用数据键或调节旋钮输入幅度值，这时仪器输出端口即有该幅度的信号输出。

例如，设定幅度值峰峰值 4.6V，按键顺序如下。

“幅度”→“4”→“●”→“6”→“V_{p-p}”(可以用调节旋钮输入)

对于“正弦波”“方波”“三角波”“升锯齿”和“降锯齿”波形，幅度值的输入和显示有三种格式：峰峰值 V_{p-p}、有效值 Vrms 和 dBm 值，可以用不同的单位区分输入。对于其他波形只能输入和显示峰峰值 V_{p-p} 或直流数值(直流数值也用单位 V_{p-p} 和 mV_{p-p} 输入)。

(4) 波形设置分为以下两个方面。

① 常用波形的选择：按 Shift 键后再按下波形键，可以选择正弦波、方波、三角波、升锯齿波、脉冲波 5 种常用波形，同时波形显示区显示相应的波形符号。常用波形的选择也可用②的方法。

例如，选择方波，按键顺序如下。

“Shift”→“方波”

② 一般波形的选择：先按 Shift 键再按 Arb 键，显示区显示当前波形的编号和波形名称。如“6：NOISE”表示当前波形为噪声。然后用数字键或调节旋钮输入波形编号来

选择波形。如果输入①中所述常用波形的编号，则波形显示区显示这些常用波形的相应的波形符号。如果当前波形为存储波形，波形显示区显示存储波形的波形符号 Arb。

例如，选择直流，按键顺序如下。

“Shift”→“Arb”→“1”→“0”→“N”(可以用调节旋钮输入)

除点频功能模式外的其他功能模式中基本信号或载波的波形只能选择正弦波。

(5) 占空比调整：当前波形为脉冲波时，如果输出频率小于 100kHz，显示区显示的是幅度值，再按一次“脉宽”键后显示出脉宽值。如果显示区显示既不是幅度值也不是脉宽值，则连续按两次“脉宽”键，显示区显示脉宽值。如果当前波形不是脉冲波，则该键只作幅度输入键使用。显示区显示脉宽值时，用数字键或调节旋钮输入脉宽值，可以对方波占空比进行调整。调整范围：频率不大于 10kHz 时为 1.0%～99.0%，此时分辨率高达 0.1%；频率在 10kHz 到 100kHz 时为 10%～90%，此时分辨率为 1%。

例如，输入占空比值 60.5%，按键顺序如下。

“脉宽”→“6”→“0”→“●”→“5”→“N”(可以用调节旋钮输入)

(6) 门控输出：按“输出”键禁止信号输出，此时输出信号指示灯灭。按需要设定好信号的波形、频率、幅度设定。再按一次“输出”键信号开始输出，此时输出信号指示灯亮。使用“输出”键可以在信号输出和关闭之间反复进行切换。输出信号指示灯也相应以亮(输出)和灭(关闭)进行指示。这样可以对输出信号进行闸门控制。

5. 信号的存储与调用功能

利用该功能可以存储信号的频率值、幅度值、波形、直流偏移值、功能状态。

共可以存储 10 组信号，编号为 1～10，在需要的时候可以对其进行调用。信号的存储使用永久存储器，关断电源存储信号也不会丢失。可以把经常使用的信号存储起来，随时都可以调出来使用。调用信号可以进行参数修改，修改后还可以重新存储。

使用存储功能，首先必须在系统功能里把存储功能开关打开。

对于关机前状态，仪器自动存储在 0 号单元，因此可以调用 11 组信号，编号为 0～10。

例如，要将当前正在输出的信号存储在第 1 个存储单元，按键顺序如下。

“Shift”→“存储”→“1”→“N”

此时显示区显示提示符和当前存储单元序号 STORE 1。

如果原来第 1 个存储单元中已经存储了信号，则通过上述存储操作后，原来的信号被新信号取代。

例如，要调用第 1 组存储单元的信号作为当前输出信号，按键顺序如下。

“Shift”→“调用”→“1”→“N”

此时显示区显示提示符和当前存储单元序号 RECALL 1。在调用功能状态下可用调节旋钮输入序号值，不需要输入单位，就可以连续调用存储信号。

附录 D

GDM-8135 数字式万用表使用说明

该仪器是一种轻便的三位半数字式万用表，它采用一种独特的模拟-数字转换技术，具有自动归零、消除偏移误差的特性。两个 LSI 芯片包含了模拟-数字转换器，使分离式电子组件减少到少于 110 个。其他特点包括以自动数字方法判定极性、连续滤波和 LED 读出等。

控制按钮包括 5 个交直流电压挡，6 个交直流电流挡和 6 个电阻挡的选择。精确测量的范围为：直流电压为 100μV～1200V，交流电压为 100μV～1000V，交直流电流为 100nA～19.99A，电阻为 100mΩ～19.99MΩ。

D.1 主要技术参数

主要技术参数见表 D.1。

表 D.1 GDM-8135 数字式万用表主要技术参数

<table>
<tr><td rowspan="7">直流电压</td><td>挡位</td><td>±199.9mV，±1.999V，±19.99V，±199.9V，±1199V</td></tr>
<tr><td>年精度 15～35℃</td><td>±(0.1%读数+1 位)</td></tr>
<tr><td>输入阻抗</td><td>10MΩ，所有挡</td></tr>
<tr><td>差模排斥</td><td>大于 60dB@50Hz，60Hz</td></tr>
<tr><td>共模排斥（1kΩ 不平衡）</td><td>大于 120dB@DC 和 50Hz，60Hz</td></tr>
<tr><td>反应时间</td><td>1/2 秒</td></tr>
<tr><td>最大输入电压</td><td>1200Vrms，所有挡</td></tr>
<tr><td rowspan="6">交流电压</td><td>挡位</td><td>199.9mV，1.999V，19.99V，199.9V，1000V</td></tr>
<tr><td>年精度 15～35℃</td><td>所有挡：40Hz～1kHz±(0.5%读值+1 位)
200mV～200V 挡：1kHz～10kHz±(1%读值+1 位)
200mV～20V 挡：10kHz～20kHz±(2%读值+1 位)
200mV～20V 挡：20kHz～40kHz±(5%读值+1 位)</td></tr>
<tr><td>输入阻抗</td><td>10MΩ 与 100pF 并联</td></tr>
<tr><td>共模排斥（1kΩ 不平衡）</td><td>大于 60dB@50Hz，60Hz</td></tr>
<tr><td>反应时间</td><td>3 秒（最差情况）</td></tr>
<tr><td>最大输入电压</td><td>在 20V、200V、1000V 挡时，为 1000Vrms，且不超过 107V · Hz，在 200mV 和 2V 挡时，为 750Vrms</td></tr>
</table>

续表

直流电流	挡位	±199.9μA，±1.999mA，±19.99mA，±199.9mA，±1999mA，±19.99A
	年精度 15～35℃	±(0.2%读值+1 位)，除 2000mA、20.00A 挡外；±(0.5%读值+1 位)，2000mA、20.00A 挡
	电压负荷	0.22～2V
	反应时间	1/2 秒
	最大输入电流	2A，输入 2Arms(保险丝保护) 20A，输入 20Arms(无保险丝)
交流电流	挡位	199.9μA，1.999mA，19.99mA，199.9mA，1999mA，19.99A
	年精度 15～35℃	40Hz～1kHz±(0.5%读值+1 位) 1kHz～10kHz±(1%读值+1 位) 10kHz～20kHz±(2%读值+1 位)，除 2000mA、20.00A 挡外 40Hz～2kHz±(1.0%读值+2 位)，2000mA、20.00A 挡
	电压负荷	0.22～2V
	反应时间	3 秒
	最大输入电流	2A，输入 2Arms(保险丝保护) 20A，输入 20Arms(无保险丝)
电阻	挡位	199.9Ω，1.999kΩ，19.99kΩ，199.9kΩ，1999kΩ，19.99MΩ
	年精度 15～35℃	200Ω、2kΩ、20kΩ、200kΩ、2000kΩ 挡，±(0.2%读值+1 位)； 20MΩ 挡，±(0.5%读值+1 位)
	反应时间	200Ω、2kΩ、20kΩ、200kΩ、2000kΩ 挡：1/2 秒；20MΩ 挡：4 秒
	通过的电流	200Ω 挡：1mA　2kΩ 挡：1mA　20kΩ 挡：100μA 200kΩ 挡：1μA　2000kΩ 挡：1μA　20MΩ 挡：0.1μA
	最大输入电压	300VDC/AC rms，所有挡位
导通检测	说明	内置蜂鸣器，当导电值小于 10Ω 时，则发声响
	测试电流	最大 1.0mA
	开路电压	最大 13V
环境	操作环境	在室内使用，高达海拔 2000m，安装等级Ⅲ，污染程度 2
	操作温度范围	0～50℃
	储存温度范围	-10～70℃
	湿度范围	在 2000kΩ、20MΩ 挡时为：0%～80%，0～35℃。在其他挡时为：0%～90%，0～35℃；0%～70%，35～50℃
其他	最大共模电压	1200V 峰值或 500VDC/AC rms
	显示器	7 段式 LED，0.5″高
	尺寸	95mm(高)×245mm(宽)×280mm(长)
	重量	2.5kg
	电源	100V，120V，220V 或 230VAC，50～400Hz，5W

D.2 主要功能使用说明和操作说明

1. 电源输入

此仪器提供4种输入电源：100V AC、120V AC、220V AC和230V AC，频率为50～400Hz。在接上交流电源线前，应确认仪器的电源电压符合需求，在仪器背面板上标示有所需交流电源线的电压值。

警告：为避免电击的危险，电源线的接地保护导体必须接地。

注意：为避免损坏仪器，请勿在温度超过50℃的环境下使用仪器。

2. 输入端连接

输入部分有4个输入端子(2A、20A、V-Ω和COMMON)与待测的信号源或电阻相连。测量信号源时，2A和20A或V-Ω和COMMON分别与信号源的高、低端相连。待测电阻则连接在V-Ω和COMMON之间。

3. 过载保护

读数显示闪烁不定表示发生过载情况。在任何挡位内，V-Ω和COMMON之间的直流电压可耐受至1200V。在20V、200V和1200V挡，V-Ω和COMMON之间的交流电压可耐受至1000Vrms(且不超过107VHz)。在200mV、2V挡，V-Ω和COMMON之间的交流电压可耐受至750Vrms。在2A和COMMON之间，当输入电流大于2A和最大电压大于2V时，即有保险丝保护时，20A和COMMON是用来作信号输入端。在20A的输入端有符号提醒操作者，其最大测量电流为20A，且无保险丝保护装置。在电阻测量保护上允许V-Ω和COMMON之间最大电压到300Vrms。

4. 基本仪器测量

基本仪器测量指示见表D.2。

表D.2 GDM-8135数字式万用表基本仪器测量指示

测　量	功　能	挡　　位	输入端连接方式	备　注
DC(V)	DC(V)	200mV,2V,20V,200V,1200V	V-Ω和COMMON	自动极性
DC(mA)	DC(mA)	200μA,2mA,20mA,200mA,2000mA	2A和COMMON	
		20A	20A和COMMON	
AC(A)	AC(A)	200mV,2V,20V,200V,1000V	V-Ω和COMMON	
AC(mA)	AC(mA)	20μA,2mA,20mA,200mA,2000mA	2A和COMMON	
		20A	20A和COMMON	
kΩ	kΩ	200Ω,2kΩ,20kΩ,200kΩ,2000kΩ,20MΩ	V-Ω和COMMON	

D.3　安全注意事项

(1) 搬运或储藏、使用时应避免重压或震动。

(2) 无专业技术人员处理时，在损坏的情况下，不应随便自行拆机，以免其特性受到影响。

(3) 注意使用电源100V/120V/220V/230V及保险丝的规格指示(220V/230V 0.1A，100/120V 0.2A)。

(4) 本机使用三线性电源，可确保本机的外壳与电源的良好接地保护状态。

操作环境范围为0～50℃；应避免在高温、高湿度及磁场干扰的场所操作。

附录 E

Altera DE2 开发板使用介绍

E.1 DE2 开发板简介

DE2 开发板是 Altera 合作伙伴友晶科技公司研制的 SoPC 开发板，可以完成 PLD、EDA、SoPC、DSP、Nios Ⅱ嵌入式系统等方面的实验与开发。

DE2 套件如图 E.1 所示，其中包括 DE2 开发板、电源适配器、USB 编程电缆、DE2 系统盘及 Quartus Ⅱ软件。

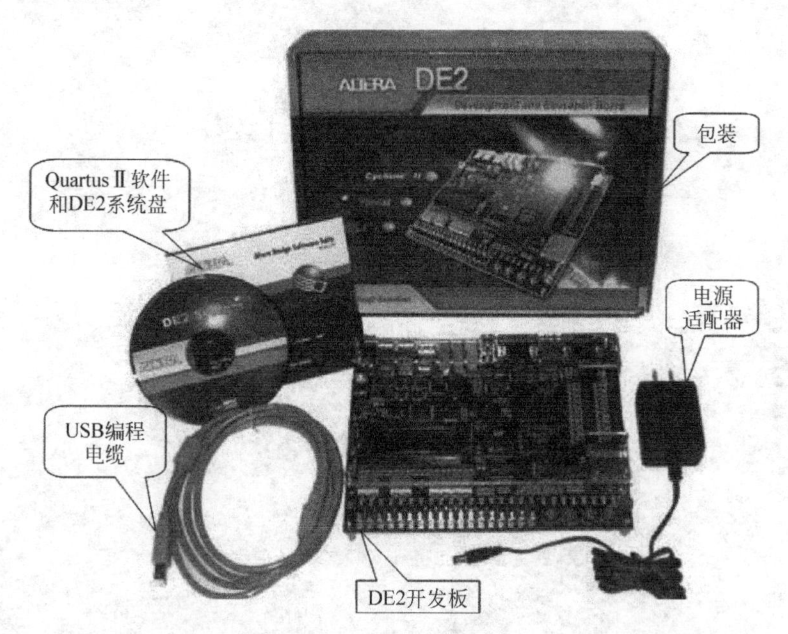

图 E.1 DE2 套件

DE2 开发板结构如图 E.2 所示。其中包含 EP2C35F672C6 芯片(Cyclone Ⅱ系列 FPGA，35000LE)、SDRAM(8MB)、SRAM(512KB)、FLASH(1MB)、16×2 的 LCD、数码管(8 只：HEX0～HEX7)、发光二极管(红色 18 只：LEDR0～LEDR17；绿色 9 只：LEDG0～LEDG8)、按钮开关(4 个：KEY0～KEY3)、拨盘开关(18 个：SW0～SW17)，以

及 USB、VGA、RS-232、RS/2 等各种类型的接口。

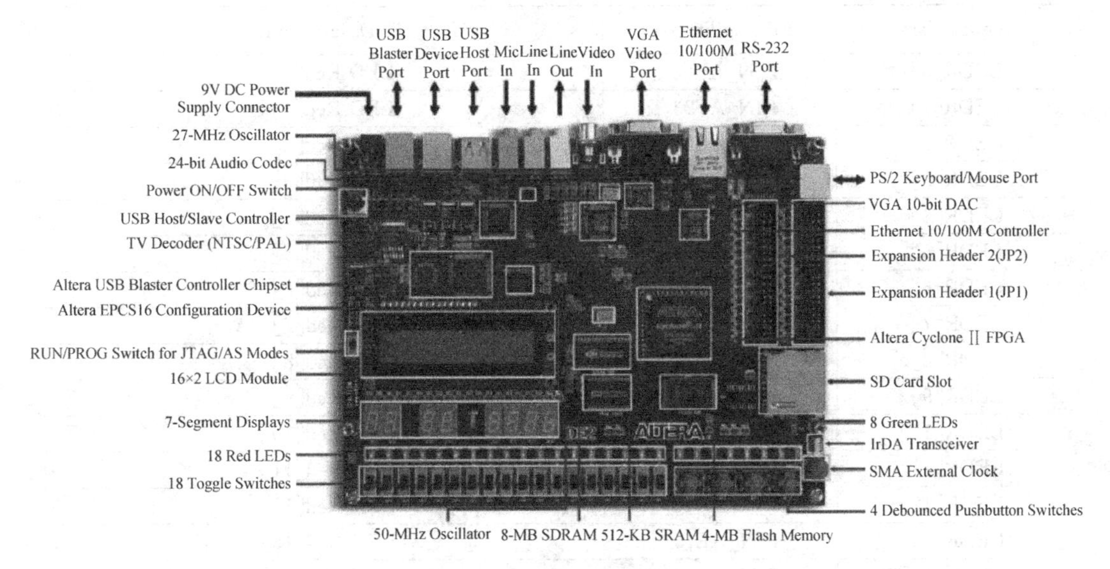

图 E.2　DE2 开发板结构

E.2　DE2 中目标芯片与其他硬件资源的引脚连接

DE2 中的目标芯片与其他硬件资源的引脚连接关系如表 E.1～表 E.17 所示。

表 E.1　拨盘开关 SW 与目标芯片引脚连接表

Signal Name	FPGA Pin No.	Description
SW[0]	PIN_N25	Toggle Switch[0]
SW[1]	PIN_N26	Toggle Switch[1]
SW[2]	PIN_P25	Toggle Switch[2]
SW[3]	PIN_AE14	Toggle Switch[3]
SW[4]	PIN_AF14	Toggle Switch[4]
SW[5]	PIN_AD13	Toggle Switch[5]
SW[6]	PIN_AC13	Toggle Switch[6]
SW[7]	PIN_C13	Toggle Switch[7]
SW[8]	PIN_B13	Toggle Switch[8]
SW[9]	PIN_A13	Toggle Switch[9]
SW[10]	PIN_N1	Toggle Switch[10]
SW[11]	PIN_P1	Toggle Switch[11]
SW[12]	PIN_P2	Toggle Switch[12]
SW[13]	PIN_T7	Toggle Switch[13]
SW[14]	PIN_U3	Toggle Switch[14]
SW[15]	PIN_U4	Toggle Switch[15]
SW[16]	PIN_V1	Toggle Switch[16]
SW[17]	PIN_V2	Toggle Switch[17]

表 E.2 发光二极管 LEDR/LEDG 与目标芯片引脚连接表

Signal Name	FPGA Pin No.	Description
LEDR[0]	PIN_AE23	LED Red[0]
LEDR[1]	PIN_AF23	LED Red[1]
LEDR[2]	PIN_AB21	LED Red[2]
LEDR[3]	PIN_AC22	LED Red[3]
LEDR[4]	PIN_AD22	LED Red[4]
LEDR[5]	PIN_AD23	LED Red[5]
LEDR[6]	PIN_AD21	LED Red[6]
LEDR[7]	PIN_AC21	LED Red[7]
LEDR[8]	PIN_AA14	LED Red[8]
LEDR[9]	PIN_Y13	LED Red[9]
LEDR[10]	PIN_AA13	LED Red[10]
LEDR[11]	PIN_AC14	LED Red[11]
LEDR[12]	PIN_AD15	LED Red[12]
LEDR[13]	PIN_AE15	LED Red[13]
LEDR[14]	PIN_AF13	LED Red[14]
LEDR[15]	PIN_AE13	LED Red[15]
LEDR[16]	PIN_AE12	LED Red[16]
LEDR[17]	PIN_AD12	LED Red[17]
LEDG[0]	PIN_AE22	LED Green[0]
LEDG[1]	PIN_AF22	LED Green[1]
LEDG[2]	PIN_W19	LED Green[2]
LEDG[3]	PIN_V18	LED Green[3]
LEDG[4]	PIN_U18	LED Green[4]
LEDG[5]	PIN_U17	LED Green[5]
LEDG[6]	PIN_AA20	LED Green[6]
LEDG[7]	PIN_Y18	LED Green[7]
LEDG[8]	PIN_Y12	LED Green[8]

表 E.3 时钟端与目标芯片引脚连接表

Signal Name	FPGA Pin No.	Description
CLOCK_27	PIN_D13	On Board 27MHz
CLOCK_50	PIN_N2	On Board 50MHz
EXT_CLOCK	PIN_P26	External Clock

表 E.4 UART 接口信号与目标芯片引脚连接表

Signal Name	FPGA Pin No.	Description
UART_RXD	PIN_C25	UART Receiver
UART_TXD	PIN_B25	UART Transmitter

表 E.5　PS2 接口信号与目标芯片引脚连接表

Signal Name	FPGA Pin No.	Description
PS2_CLK	PIN_D26	PS2 Data
PS2_DAT	PIN_C24	PS2 Clock

表 E.6　I^2C 总线接口信号与目标芯片引脚连接表

Signal Name	FPGA Pin No.	Description
I2C_SCLK	PIN_A6	I^2C Data
I2C_SDAT	PIN_B6	I^2C Clock

表 E.7　TV 译码器接口信号与目标芯片引脚连接表

Signal Name	FPGA Pin No.	Description
TD_DATA[0]	PIN_J9	TV Decoder Data[0]
TD_DATA[1]	PIN_E8	TV Decoder Data[1]
TD_DATA[2]	PIN_H8	TV Decoder Data[2]
TD_DATA[3]	PIN_H10	TV Decoder Data[3]
TD_DATA[4]	PIN_G9	TV Decoder Data[4]
TD_DATA[5]	PIN_F9	TV Decoder Data[5]
TD_DATA[6]	PIN_D7	TV Decoder Data[6]
TD_DATA[7]	PIN_C7	TV Decoder Data[7]
TD_HS	PIN_D5	TV Decoder H_SYNC
TD_VS	PIN_K9	TV Decoder V_SYNC
TD_RESET	PIN_C4	TV Decoder Reset

表 E.8　DM9000A 接口信号与目标芯片引脚连接表

Signal Name	FPGA Pin No.	Description
ENET_DATA[0]	PIN_D17	DM9000A DATA[0]
ENET_DATA[1]	PIN_C17	DM9000A DATA[1]
ENET_DATA[2]	PIN_B18	DM9000A DATA[2]
ENET_DATA[3]	PIN_A18	DM9000A DATA[3]
ENET_DATA[4]	PIN_B17	DM9000A DATA[4]
ENET_DATA[5]	PIN_A17	DM9000A DATA[5]
ENET_DATA[6]	PIN_B16	DM9000A DATA[6]
ENET_DATA[7]	PIN_B15	DM9000A DATA[7]
ENET_DATA[8]	PIN_B20	DM9000A DATA[8]
ENET_DATA[9]	PIN_A20	DM9000A DATA[9]
ENET_DATA[10]	PIN_C19	DM9000A DATA[10]
ENET_DATA[11]	PIN_D19	DM9000A DATA[11]
ENET_DATA[12]	PIN_B19	DM9000A DATA[12]
ENET_DATA[13]	PIN_A19	DM9000A DATA[13]
ENET_DATA[14]	PIN_E18	DM9000A DATA[14]

续表

Signal Name	FPGA Pin No.	Description
ENET_DATA[15]	PIN_D18	DM9000A DATA[15]
ENET_CLK	PIN_B24	DM9000A Clock 25MHz
ENET_CMD	PIN_A21	DM9000A Command/Data Select, 0 = Command, 1=Data
ENET_CS_N	PIN_A23	DM9000A Chip Select
ENET_INT	PIN_B21	DM9000A Interrupt
ENET_RD_N	PIN_A22	DM9000A Read
ENET_WR_N	PIN_B22	DM9000A Write
ENET_RST_N	PIN_B23	DM9000A Reset

表 E.9 AUDIO 接口信号与目标芯片引脚连接表

Signal Name	FPGA Pin No.	Description
AUD_ADCLRCK	PIN_C5	Audio CODEC ADC LR Clock
AUD_ADCDAT	PIN_B5	Audio CODEC ADC Data
AUD_DACLRCK	PIN_C6	Audio CODEC DAC LR Clock
AUD_DACDAT	PIN_A4	Audio CODEC DAC Data
AUD_XCK	PIN_A5	Audio CODEC Chip Clock
AUD_BCLK	PIN_B4	Audio CODEC Bit-Stream Clock

表 E.10 VGA 接口信号与目标芯片引脚连接表

Signal Name	FPGA Pin No.	Description
VGA_R[0]	PIN_C8	VGA Red[0]
VGA_R[1]	PIN_F10	VGA Red[1]
VGA_R[2]	PIN_G10	VGA Red[2]
VGA_R[3]	PIN_D9	VGA Red[3]
VGA_R[4]	PIN_C9	VGA Red[4]
VGA_R[5]	PIN_A8	VGA Red[5]
VGA_R[6]	PIN_H11	VGA Red[6]
VGA_R[7]	PIN_H12	VGA Red[7]
VGA_R[8]	PIN_F11	VGA Red[8]
VGA_R[9]	PIN_E10	VGA Red[9]
VGA_G[0]	PIN_B9	VGA Green[0]
VGA_G[1]	PIN_A9	VGA Green[1]
VGA_G[2]	PIN_C10	VGA Green[2]
VGA_G[3]	PIN_D10	VGA Green[3]
VGA_G[4]	PIN_B10	VGA Green[4]
VGA_G[5]	PIN_A10	VGA Green[5]
VGA_G[6]	PIN_G11	VGA Green[6]
VGA_G[7]	PIN_D11	VGA Green[7]
VGA_G[8]	PIN_E12	VGA Green[8]

续表

Signal Name	FPGA Pin No.	Description
VGA_G[9]	PIN_D12	VGA Green[9]
VGA_B[0]	PIN_J13	VGA Blue[0]
VGA_B[1]	PIN_J14	VGA Blue[1]
VGA_B[2]	PIN_F12	VGA Blue[2]
VGA_B[3]	PIN_G12	VGA Blue[3]
VGA_B[4]	PIN_J10	VGA Blue[4]
VGA_B[5]	PIN_J11	VGA Blue[5]
VGA_B[6]	PIN_C11	VGA Blue[6]
VGA_B[7]	PIN_B11	VGA Blue[7]
VGA_B[8]	PIN_C12	VGA Blue[8]
VGA_B[9]	PIN_B12	VGA Blue[9]
VGA_CLK	PIN_B8	VGA Clock
VGA_BLANK	PIN_D6	VGA BLANK
VGA_HS	PIN_A7	VGA H_SYNC
VGA_VS	PIN_D8	VGA V_SYNC
VGA_SYNC	PIN_B7	VGA SYNC

表 E.11　按钮开关与目标芯片引脚连接表

Signal Name	FPGA Pin No.	Description
KEY[0]	PIN_G26	Pushbutton[0]
KEY[1]	PIN_N23	Pushbutton[1]
KEY[2]	PIN_P23	Pushbutton[2]
KEY[3]	PIN_W26	Pushbutton[3]

表 E.12　SD 卡接口信号与目标芯片引脚连接表

Signal Name	FPGA Pin No.	Description
SD_DAT	PIN_AD24	SD Card Data
SD_DAT3	PIN_AC23	SD Card Data 3
SD_CMD	PIN_Y21	SD Card Command Signal
SD_CLK	PIN_AD25	SD Card Clock

表 E.13　SDRAM 接口信号与目标芯片引脚连接表

Signal Name	FPGA Pin No.	Description
DRAM_ADDR[0]	PIN_T6	SDRAM Address[0]
DRAM_ADDR[1]	PIN_V4	SDRAM Address[1]
DRAM_ADDR[2]	PIN_V3	SDRAM Address[2]
DRAM_ADDR[3]	PIN_W2	SDRAM Address[3]
DRAM_ADDR[4]	PIN_W1	SDRAM Address[4]
DRAM_ADDR[5]	PIN_U6	SDRAM Address[5]

续表

Signal Name	FPGA Pin No.	Description
DRAM_ADDR[6]	PIN_U7	SDRAM Address[6]
DRAM_ADDR[7]	PIN_U5	SDRAM Address[7]
DRAM_ADDR[8]	PIN_W4	SDRAM Address[8]
DRAM_ADDR[9]	PIN_W3	SDRAM Address[9]
DRAM_ADDR[10]	PIN_Y1	SDRAM Address[10]
DRAM_ADDR[11]	PIN_V5	SDRAM Address[11]
DRAM_DQ[0]	PIN_V6	SDRAM Data[0]
DRAM_DQ[1]	PIN_AA2	SDRAM Data[1]
DRAM_DQ[2]	PIN_AA1	SDRAM Data[2]
DRAM_DQ[3]	PIN_Y3	SDRAM Data[3]
DRAM_DQ[4]	PIN_Y4	SDRAM Data[4]
DRAM_DQ[5]	PIN_R8	SDRAM Data[5]
DRAM_DQ[6]	PIN_T8	SDRAM Data[6]
DRAM_DQ[7]	PIN_V7	SDRAM Data[7]
DRAM_DQ[8]	PIN_W6	SDRAM Data[8]
DRAM_DQ[9]	PIN_AB2	SDRAM Data[9]
DRAM_DQ[10]	PIN_AB1	SDRAM Data[10]
DRAM_DQ[11]	PIN_AA4	SDRAM Data[11]
DRAM_DQ[12]	PIN_AA3	SDRAM Data[12]
DRAM_DQ[13]	PIN_AC2	SDRAM Data[13]
DRAM_DQ[14]	PIN_AC1	SDRAM Data[14]
DRAM_DQ[15]	PIN_AA5	SDRAM Data[15]
DRAM_BA_0	PIN_AE2	SDRAM Bank Address[0]
DRAM_BA_1	PIN_AE3	SDRAM Bank Address[1]
DRAM_LDQM	PIN_AD2	SDRAM Low-byte Data Mask
DRAM_UDQM	PIN_Y5	SDRAM High-byte Data Mask
DRAM_RAS_N	PIN_AB4	SDRAM Row Address Strobe
DRAM_CAS_N	PIN_AB3	SDRAM Column Address Strobe
DRAM_CKE	PIN_AA6	SDRAM Clock Enable
DRAM_CLK	PIN_AA7	SDRAM Clock
DRAM_WE_N	PIN_AD3	SDRAM Write Enable
DRAM_CS_N	PIN_AC3	SDRAM Chip Select

表 E.14 LCD 接口信号与目标芯片引脚连接表

Signal Name	FPGA Pin No.	Description
LCD_DATA[0]	PIN_J1	LCD Data[0]
LCD_DATA[1]	PIN_J2	LCD Data[1]
LCD_DATA[2]	PIN_H1	LCD Data[2]
LCD_DATA[3]	PIN_H2	LCD Data[3]
LCD_DATA[4]	PIN_J4	LCD Data[4]

续表

Signal Name	FPGA Pin No.	Description
LCD_DATA[5]	PIN_J3	LCD Data[5]
LCD_DATA[6]	PIN_H4	LCD Data[6]
LCD_DATA[7]	PIN_H3	LCD Data[7]
LCD_RW	PIN_K4	LCD Read/Write Select,0=Write,1=Read
LCD_EN	PIN_K3	LCD Enable
LCD_RS	PIN_K1	LCD Command/Data Select,0=Command,1=Data
LCD_ON	PIN_L4	LCD Power ON/OFF
LCD_BLON	PIN_K2	LCD Back Light ON/OFF

表 E.15　FLASH 接口信号与目标芯片引脚连接表

Signal Name	FPGA Pin No.	Description
FL_ADDR[0]	PIN_AC18	FLASH Address[0]
FL_ADDR[1]	PIN_AB18	FLASH Address[1]
FL_ADDR[2]	PIN_AE19	FLASH Address[2]
FL_ADDR[3]	PIN_AF19	FLASH Address[3]
FL_ADDR[4]	PIN_AE18	FLASH Address[4]
FL_ADDR[5]	PIN_AF18	FLASH Address[5]
FL_ADDR[6]	PIN_Y16	FLASH Address[6]
FL_ADDR[7]	PIN_AA16	FLASH Address[7]
FL_ADDR[8]	PIN_AD17	FLASH Address[8]
FL_ADDR[9]	PIN_AC17	FLASH Address[9]
FL_ADDR[10]	PIN_AE17	FLASH Address[10]
FL_ADDR[11]	PIN_AF17	FLASH Address[11]
FL_ADDR[12]	PIN_W16	FLASH Address[12]
FL_ADDR[13]	PIN_W15	FLASH Address[13]
FL_ADDR[14]	PIN_AC16	FLASH Address[14]
FL_ADDR[15]	PIN_AD16	FLASH Address[15]
FL_ADDR[16]	PIN_AE16	FLASH Address[16]
FL_ADDR[17]	PIN_AC15	FLASH Address[17]
FL_ADDR[18]	PIN_AB15	FLASH Address[18]
FL_ADDR[19]	PIN_AA15	FLASH Address[19]
FL_ADDR[20]	PIN_Y15	FLASH Address[20]
FL_ADDR[21]	PIN_Y14	FLASH Address[21]
FL_DQ[0]	PIN_AD19	FLASH Data[0]
FL_DQ[1]	PIN_AC19	FLASH Data[1]
FL_DQ[2]	PIN_AF20	FLASH Data[2]
FL_DQ[3]	PIN_AE20	FLASH Data[3]
FL_DQ[4]	PIN_AB20	FLASH Data[4]
FL_DQ[5]	PIN_AC20	FLASH Data[5]
FL_DQ[6]	PIN_AF21	FLASH Data[6]

续表

Signal Name	FPGA Pin No.	Description
FL_DQ[7]	PIN_AE21	FLASH Data[7]
FL_CE_N	PIN_V17	FLASH Chip Enable
FL_OE_N	PIN_W17	FLASH Output Enable
FL_RST_N	PIN_AA18	FLASH Reset
FL_WE_N	PIN_AA17	FLASH Write Enable

表 E.16　SRAM 接口信号与目标芯片引脚连接表

Signal Name	FPGA Pin No.	Description
SRAM_ADDR[0]	PIN_AE4	SRAM Address[0]
SRAM_ADDR[1]	PIN_AF4	SRAM Address[1]
SRAM_ADDR[2]	PIN_AC5	SRAM Address[2]
SRAM_ADDR[3]	PIN_AC6	SRAM Address[3]
SRAM_ADDR[4]	PIN_AD4	SRAM Address[4]
SRAM_ADDR[5]	PIN_AD5	SRAM Address[5]
SRAM_ADDR[6]	PIN_AE5	SRAM Address[6]
SRAM_ADDR[7]	PIN_AF5	SRAM Address[7]
SRAM_ADDR[8]	PIN_AD6	SRAM Address[8]
SRAM_ADDR[9]	PIN_AD7	SRAM Address[9]
SRAM_ADDR[10]	PIN_V10	SRAM Address[10]
SRAM_ADDR[11]	PIN_V9	SRAM Address[11]
SRAM_ADDR[12]	PIN_AC7	SRAM Address[12]
SRAM_ADDR[13]	PIN_W8	SRAM Address[13]
SRAM_ADDR[14]	PIN_W10	SRAM Address[14]
SRAM_ADDR[15]	PIN_Y10	SRAM Address[15]
SRAM_ADDR[16]	PIN_AB8	SRAM Address[16]
SRAM_ADDR[17]	PIN_AC8	SRAM Address[17]
SRAM_DQ[0]	PIN_AD8	SRAM Data[0]
SRAM_DQ[1]	PIN_AE6	SRAM Data[1]
SRAM_DQ[2]	PIN_AF6	SRAM Data[2]
SRAM_DQ[3]	PIN_AA9	SRAM Data[3]
SRAM_DQ[4]	PIN_AA10	SRAM Data[4]
SRAM_DQ[5]	PIN_AB10	SRAM Data[5]
SRAM_DQ[6]	PIN_AA11	SRAM Data[6]
SRAM_DQ[7]	PIN_Y11	SRAM Data[7]
SRAM_DQ[8]	PIN_AE7	SRAM Data[8]
SRAM_DQ[9]	PIN_AF7	SRAM Data[9]
SRAM_DQ[10]	PIN_AE8	SRAM Data[10]
SRAM_DQ[11]	PIN_AF8	SRAM Data[11]
SRAM_DQ[12]	PIN_W11	SRAM Data[12]
SRAM_DQ[13]	PIN_W12	SRAM Data[13]

续表

Signal Name	FPGA Pin No.	Description
SRAM_DQ[14]	PIN_AC9	SRAM Data[14]
SRAM_DQ[15]	PIN_AC10	SRAM Data[15]
SRAM_WE_N	PIN_AE10	SRAM Write Enable
SRAM_OE_N	PIN_AD10	SRAM Output Enable
SRAM_UB_N	PIN_AF9	SRAM High-byte Data Mask
SRAM_LB_N	PIN_AE9	SRAM Low-byte Data Mask
SRAM_CE_N	PIN_AC11	SRAM Chip Enable

表 E.17　GPIO 与目标芯片引脚连接表

Signal Name	FPGA Pin No.	Description
GPIO_0[0]	PIN_D25	GPIO Connection 0[0]
GPIO_0[1]	PIN_J22	GPIO Connection 0[1]
GPIO_0[2]	PIN_E26	GPIO Connection 0[2]
GPIO_0[3]	PIN_E25	GPIO Connection 0[3]
GPIO_0[4]	PIN_F24	GPIO Connection 0[4]
GPIO_0[5]	PIN_F23	GPIO Connection 0[5]
GPIO_0[6]	PIN_J21	GPIO Connection 0[6]
GPIO_0[7]	PIN_J20	GPIO Connection 0[7]
GPIO_0[8]	PIN_F25	GPIO Connection 0[8]
GPIO_0[9]	PIN_F26	GPIO Connection 0[9]
GPIO_0[10]	PIN_N18	GPIO Connection 0[10]
GPIO_0[11]	PIN_P18	GPIO Connection 0[11]
GPIO_0[12]	PIN_G23	GPIO Connection 0[12]
GPIO_0[13]	PIN_G24	GPIO Connection 0[13]
GPIO_0[14]	PIN_K22	GPIO Connection 0[14]
GPIO_0[15]	PIN_G25	GPIO Connection 0[15]
GPIO_0[16]	PIN_H23	GPIO Connection 0[16]
GPIO_0[17]	PIN_H24	GPIO Connection 0[17]
GPIO_0[18]	PIN_J23	GPIO Connection 0[18]
GPIO_0[19]	PIN_J24	GPIO Connection 0[19]
GPIO_0[20]	PIN_H25	GPIO Connection 0[20]
GPIO_0[21]	PIN_H26	GPIO Connection 0[21]
GPIO_0[22]	PIN_H19	GPIO Connection 0[22]
GPIO_0[23]	PIN_K18	GPIO Connection 0[23]
GPIO_0[24]	PIN_K19	GPIO Connection 0[24]
GPIO_0[25]	PIN_K21	GPIO Connection 0[25]
GPIO_0[26]	PIN_K23	GPIO Connection 0[26]
GPIO_0[27]	PIN_K24	GPIO Connection 0[27]
GPIO_0[28]	PIN_L21	GPIO Connection 0[28]
GPIO_0[29]	PIN_L20	GPIO Connection 0[29]
GPIO_0[30]	PIN_J25	GPIO Connection 0[30]

续表

Signal Name	FPGA Pin No.	Description
GPIO_0[31]	PIN_J26	GPIO Connection 0[31]
GPIO_0[32]	PIN_L23	GPIO Connection 0[32]
GPIO_0[33]	PIN_L24	GPIO Connection 0[33]
GPIO_0[34]	PIN_L25	GPIO Connection 0[34]
GPIO_0[35]	PIN_L19	GPIO Connection 0[35]
GPIO_1[0]	PIN_K25	GPIO Connection 1[0]
GPIO_1[1]	PIN_K26	GPIO Connection 1[1]
GPIO_1[2]	PIN_M22	GPIO Connection 1[2]
GPIO_1[3]	PIN_M23	GPIO Connection 1[3]
GPIO_1[4]	PIN_M19	GPIO Connection 1[4]
GPIO_1[5]	PIN_M20	GPIO Connection 1[5]
GPIO_1[6]	PIN_N20	GPIO Connection 1[6]
GPIO_1[7]	PIN_M21	GPIO Connection 1[7]
GPIO_1[8]	PIN_M24	GPIO Connection 1[8]
GPIO_1[9]	PIN_M25	GPIO Connection 1[9]
GPIO_1[10]	PIN_N24	GPIO Connection 1[10]
GPIO_1[11]	PIN_P24	GPIO Connection 1[11]
GPIO_1[12]	PIN_R25	GPIO Connection 1[12]
GPIO_1[13]	PIN_R24	GPIO Connection 1[13]
GPIO_1[14]	PIN_R20	GPIO Connection 1[14]
GPIO_1[15]	PIN_T22	GPIO Connection 1[15]
GPIO_1[16]	PIN_T23	GPIO Connection 1[16]
GPIO_1[17]	PIN_T24	GPIO Connection 1[17]
GPIO_1[18]	PIN_T25	GPIO Connection 1[18]
GPIO_1[19]	PIN_T18	GPIO Connection 1[19]
GPIO_1[20]	PIN_T21	GPIO Connection 1[20]
GPIO_1[21]	PIN_T20	GPIO Connection 1[21]
GPIO_1[22]	PIN_U26	GPIO Connection 1[22]
GPIO_1[23]	PIN_U25	GPIO Connection 1[23]
GPIO_1[24]	PIN_U23	GPIO Connection 1[24]
GPIO_1[25]	PIN_U24	GPIO Connection 1[25]
GPIO_1[26]	PIN_R19	GPIO Connection 1[26]
GPIO_1[27]	PIN_T19	GPIO Connection 1[27]
GPIO_1[28]	PIN_U20	GPIO Connection 1[28]
GPIO_1[29]	PIN_U21	GPIO Connection 1[29]
GPIO_1[30]	PIN_V26	GPIO Connection 1[30]
GPIO_1[31]	PIN_V25	GPIO Connection 1[31]
GPIO_1[32]	PIN_V24	GPIO Connection 1[32]
GPIO_1[33]	PIN_V23	GPIO Connection 1[33]
GPIO_1[34]	PIN_W25	GPIO Connection 1[34]
GPIO_1[35]	PIN_W23	GPIO Connection 1[35]

参考文献

[1] 杭州天煌电器设备厂.模拟电子技术基础实验.天煌教仪.
[2] 杭州天煌电器设备厂.数字电子技术基础实验.天煌教仪.
[3] 吴根忠,顾伟驷.电工学实验教程[M].北京:清华大学出版社,2007.
[4] 龙忠琪,龙胜春.数字集成电路教程[M].北京:科学出版社,2007.
[5] 9.8THM-3 模拟电子技术基础实验指导书.天煌教仪.
[6] DGJ-2A 型电工技术实验装置说明书.天煌教仪.